생명과학자 김성호 교수와 함께하는

우리 새의 봄·여름·가을·겨울

이제는

내 가슴의 두 별로 빛나시는

아버지, 어머니께 이 책을 바칩니다.

생명과학자 김성호 교수와 함께하는

우리 새의 봄·여름 가을·겨울

글과 사진 김성호

지성사

여는 글

저마다 가슴에 빛나는 것 하나는 지닌 채 이 초록별에 왔다고 믿습니다. 한 생명이 존재하려면 기적으로도 설명이 되지 않는 기적이 일어나야 합니다. 누가 우리를 그러한 기적을 통해 이곳으로 보내준 것인지는 모르겠습니다. 하지만 그토록 귀한 존재를 보낼 때 빈 가슴으로 보내지는 않았을 것입니다. 사람마다 겉모습이 다른 것처럼 속 모습도 다르니, 가슴에서 빛나는 것 또한 다를 수밖에 없습니다.

세상은 나에게 몇 가지 별명을 붙여 주었습니다. '새 박사', '딱따구리 아빠', '딱따구리에 미친 남자', '한국의 파브르' 등입니다. 어찌 보면 나와는 아무런 연관이 없는 별명들입니다. 내 가슴에서 새를 사랑하는 마음이 빛나고 있을 줄은 나도 몰랐기 때문입니다.

1991년, 식물생리학 전공으로 박사학위를 받으면서 지금 근무하는 대학에 부임하게 되었습니다. 개교 첫해로, 모든 것이 처음인 신설 대학이었습니다. 나의 애씀으로 부족함을 하나씩 채워 가겠다는 다짐은 가슴 설

레는 기쁨이었습니다. 하지만 얼마 지나지 않아 그 기쁨을 가슴에서 도려내야 했습니다. 신설 대학의 현실은 연구를 할 수 있는 형편이 아니었습니다. 그렇다고 겨우 나이 서른에 그대로 주저앉을 수는 없었습니다. 곁에 있는 지리산과 섬진강으로 눈을 돌리기 시작했습니다. 온힘을 다하여 나의 발로 움직여 그 안에 깃들인 다양한 생명들의 삶을 글과 사진으로 기록하는 일을 새로운 꿈으로 삼은 것입니다.

산에는 좋은 벗들이 많았습니다. 기꺼이 제자리만 지키면서도 철을 따라 몰려오는 세상살이의 어려움을 잘도 견뎌내는 야생화가 있었고, 이렇게 사는 것이 옳다는 듯 당당하고 떳떳하게 서 있는 나무가 있었습니다. 다양한 형태와 빛깔의 멋진 버섯은 낮은 땅과 높은 나무를 오가며 피어 있었고, 꽃과 나무와 버섯 사이를 분주히 스며드는 크고 작은 곤충이 있었습니다. 아주 조심스럽게 조금 더 다가서면 계곡과 그 주변에서는 양서류와 파충류를 만날 기회도 틀림없이 맞을 수 있었습니다.

무척 긴 기다림과 외로움을 감당해야 하지만 자연의 모습에 가깝게 적절히 몸을 감추고 버티다 보면 몸집이 큰 산짐승의 맑은 눈을 가까운 거리에서 만날 때도 있었습니다. 게다가 같은 곳으로의 산행이 어느 정도 쌓이면 그 안에 깃들인 모든 생명이 수상쩍은 눈빛을 멈추고 슬쩍슬쩍 말을 걸어오기도 하니 산은 내 곁에 있는 참으로 귀한 벗의 일부였으며, 강 또한 다르지 않았습니다.

시간이 있으면 있는 대로, 없으면 어떻게든 만들어서라도 자연이 품은 생명들을 15년 가까이 쉼 없이 만났으나 어김없이 돌아오는 겨울은 무척 긴 시간이었습니다. 겨울에도 여전히, 아니 오히려 더 많이 만날 수 있는 생명이 새인 것은 알고 있었습니다. 하지만 그 세계에까지 기웃거리면 그나마 조신하게 보냈던 겨울마저 어찌 지내게 될지 불을 보듯 하여 차마 들어서지 못하였습니다. 그러던 마흔 중반 어느 해의 첫날, 산 날보다 살아야 할 날이 더 짧을지도 모른다는 생각과 함께 새의 세계에 들어서게 됩니다. 더 이상 봄만 기다리며 긴 겨울을 보낼 수 없었고, 15년이 흘렀으나 책 한 권을 쓰지 못한 부끄러움도 있었습니다.

마침내 계절을 가리지 않고 일 년 내내 자연 속에서 생활하는 시간이 몇 년 더 흐른 2007년 봄날, 지리산 자락에서 내 삶의 모습을 완전히 바꿔 놓은 친구와 인연이 닿습니다. 큰오색딱따구리였습니다. 큰오색딱따구리 한 쌍은 새끼를 키워낼 둥지를 막 짓고 있었습니다. 둥지를 완성하고, 알을 낳아 품고, 먹이를 날라 새끼를 키워내는 과정 전체를 관찰하기로 결심합니다. 이유는 하나, 아무도 가지 않은 길이었기 때문입니다. 그리고 그 일정의 마지막 순간까지 동행하면서 마침내 나는 나를 만나게 됩니다. 내 가슴에서 빛나고 있는 것을 찾은 것입니다. 나는 하루 종일 새 하나만 바라보는 일을 잘하는 사람이라는 것을 말입니다.

큰오색딱따구리와 인연이 닿은 이후로 지금까지 10년의 시간이 또 흘렀습니다. 짧을 수도, 길다 할 수도 있는 시간이지만 새와의 사랑에 푹 빠져 지낸 시간이었음은 분명합니다. 새만 바라보며 살았던 10년의 이야기를 새롭게 정리해 보았습니다. 봄 · 여름 · 가을 · 겨울, 계절을 따라 만나는 우리나라의 새 이야기입니다.

우리나라는 봄 · 여름 · 가을 · 겨울의 사계절이 있습니다. 어마어마한 축복입니다. 계절을 따라 자연은 멋스러운 모습으로 옷을 갈아입습니다. 그 안에 깃들여 사는 생명의 모습도 따라 변합니다. 얼어붙은 땅을 뚫고 새싹이 나오고 잎눈과 꽃눈이 터지는 봄, 스스로 푸르름이 깊어지는 여름,

단풍 빛깔 고운 가을, 흰 눈 펑펑 내리는 겨울, 그 계절의 변화를 따라 우리나라 곳곳을 더듬고 다니며 만난 새들의 삶을 소개합니다.

이런 내용을 담은 책이 이미 있지 않나 싶을 것입니다. 있어야 함이 마땅하지만 안타깝게도 없습니다. 조류를 전공한 사람이 아니기에 부담감이 컸습니다. 용기가 필요했습니다. 아무도 가지 않은 길이기에 두려움도 있었습니다. 하지만 가기로 했습니다. 새는 이렇게 생겼다는 겉모습을 설명하는 것에서 그치지 않고 저들은 세상을 어떻게 맞이하는지, 어떻게 헤쳐 나가는지, 얼마나 간절하게 하루하루를 살아가는지에 대해, 곧 저들의 속 모습을, 저들의 삶을 세상에 전하고 싶어졌습니다. 저들의 삶을 지켜보는 시간이 우리의 삶도 함께 들여다보는 시간이 되기를 바라는 마음 하나로 말입니다.

『동고비와 함께한 80일』, 『까막딱따구리 숲』에 이어 원고 한 줄 보지 않고서도 선뜻 출판을 허락해 주신 이원중 대표님과 정성스럽게 책을 꾸며 준 지성사 가족 모두에게 감사의 말을 전합니다.

새에 미쳐 산 10년, 그 만남을 준비한 15년, 짧지 않은 시간 동안 자연과 벗하느라 아내와 아들과 딸과는 함께하는 시간이 적었습니다. 그럼에도 몸과 마음 모두 건강하게 성장해 준 아들과 딸이 고맙고, 그리될 수 있도록 말없이 빈자리를 채워 준 아내가 고맙습니다. 이 책이 25년이나 부족할 수밖에 없었던 아빠의 작은 변명이라도 된다면 좋겠습니다.

움막으로 눈발마저 흩날리는 날,
열심히 진흙을 물어 나르는 동고비를 지켜보며
김 성 호

차
례

떠남과
또 다른 만남으로
이어지는

가을 … 102

추위와
배고픔을
견뎌야 하는

겨울 … 120

짝을 찾고
둥지 짓느라
부산한

봄

봄 가뭄이 오래도록 이어지더니 드디어 비가 내렸어요. 메말랐던 계곡을 따라 물길이 다시 열려 이제 계곡이 계곡다워 보이네요. 계곡을 따라 흐르는 물이 많은 생명을 부르고 있어요. 새들 또한 그 소리를 듣지 못할 리 없지요.

짝을 찾고
둥지 짓느라
부산한
봄

번식의 계절

3월에 들어섭니다. 긴 겨울을 지내며 얼어붙었던 몸과 마음에 설렘과 술렁임이 감도는 시기이지요. 그런데 오늘은 눈발마저 흩날리고 있어요. 마음과 다르게 봄은 아직 멀리 있나 봐요. 숲의 모습도 여전히 겨울에 가까워요. 잎 하나 내지 못하고 빈 몸으로 얼어붙은 듯 서 있는 나무가 그러하고, 새들도 어딘가에 몸을 꼭꼭 숨기고 있으니 말이에요.

그럼에도 유난히 바쁜 새 하나가 있어요. 동고비라는 친구이지요. 동고비는 참새 크기이지만 몸매는 조금 날씬한 편이에요. 이즈음이 우리나라 어느 숲에서든 동고비 노랫소리가 가장 많이 들릴 때이고요. 동고비 노랫소리의 기본 단위는 '휫' 소리인데, '휫' 소리를 조금 길게 '휘잇', '휘이잇', '휘이이잇' 소리를 낼 때가 많아요. 더러는 이 소리들을 함께 섞기도 하고, '삣'에 가까운 높은 음으로 '휫' '휫' 제 짝을 찾느라 여러 마리가 함께 소리 낼 때는 귀가 조금 따갑기도 해요.

1 2 1 진흙을 붙여 딱따구리 둥지 입구를 제 몸에 맞게 좁히는 동고비 2 완성된 동고비 둥지

동고비에게는 남다른 재주가 두 가지 있어요. 먼저 나무를 무척 잘 타요. 나무줄기에 매미가 달라붙듯 앉아 위아래 구분 없이 이동하는 방향으로 머리를 앞세우고 움직일 수 있지요. 나무를 타기보다 나무에서 달린다는 표현이 더 어울릴지도 모르겠네요. 또 한 가지는 커다란 딱따구리 둥지 입구에 진흙을 발라 제 몸에 딱 맞게 좁히는 아주 특별한 재주이지요.

딱따구리는 나무에 구멍을 뚫어 입구를 만든 다음 아래쪽으로 파내려가 나무속에 빈 공간을 만드는 식으로 둥지를 지어요. 비바람이 호되게 몰아치거나 눈이 펑펑 쏟아져도 걱정 없으며, 추울 때는 따뜻하고 더울 때는 선선하지요. 또한 풀을 엮어 그릇 모양으로 만든 다른 새들의 둥지와 다르게 딱따구리의 둥지는 천적의 공격을 쉽게 막아낼 수 있다는 엄청난 장점도 있어요. 단단한 나무의 보호를 받으며 입구로

1 2

1 흰 눈이 펑펑 내리는 겨울 끝자락에서 시작하는 동고비의 둥지 짓기
2 동고비가 둥지를 짓는 모습

고개만 내밀어 천적을 방어하면 되니까요. 그런데 부러울 것 없는 둥지를 지을 줄 아는 딱따구리도 골치 아픈 문제가 하나 있어요. 나무를 파서 둥지 지을 재주가 없는 숲의 다른 생명들이 딱따구리의 둥지를 그림의 떡으로만 여기지 않고 어떡하든 빼앗으려 덤벼든다는 거예요. 더욱이 숲 생명들의 번식기인 봄에 이르면 딱따구리의 둥지를 서로 차지하려는 다툼이 절정에 이르고요.

이러한 상황에서 작고 힘없는 동고비는 묘책 하나를 마련했어요. 그 묘책은 다름 아닌 부지런함이에요. 숲의 다른 친구들이 둥지에 아직 관심을 두지 않는 겨울 끝자락에 적당한 딱따구리 둥지를 찾아 진흙을 발라 입구를 좁혀 제 것으로 만드는 방법이지요. 그래서 더러 눈발이 날리는 2월 말에도 진흙을 물고 와 딱따구리 둥지의 새 단장을 시작하는 동고비를 만날 수 있어요. 진흙은 콩알보다 조금 큰 크기로 동글게 뭉쳐 하루에 평균 50번 정도를 물어 나르고요.

동고비가 진흙에 보이는 애정은 눈물겨워요. 가끔 진흙을 붙이다 떨어뜨리면 진흙이 땅에 떨어지기 전에 재빨리 공중에서 부리로 낚아채기도 하는데, 미처 낚아채지 못해 풀숲으로 숨어 버린 진흙을 끝까지 찾아낼 정도이니까요. 어린 새들을 키워내는 번식의 시작은 둥지이며, 번식은 간절함으로 시작해 간절함으로 끝나는 일정이니 그럴 만해요. 둥지의 새 단장 기간은 약 3주이고, 이후 진흙을 튼튼히 굳히는 열흘 정도의 시간이 흐르면 둥지는 완성돼요.

동고비는 오로지 암컷만 둥지를 지어요. 수컷은 무엇을 하냐고요? 수컷은 진흙을 붙이느라 등 뒤를 보기 어려운 암컷이 걱정 없이 둥지 짓기에 전념할 수 있도록 암컷 경계를 서는 일을 담당해요. 암수의 역할 분담이 확실한 셈이지요.

뾰족했던 암컷 부리는 둥지가 완성될 즈음이면 닳아 뭉뚝해져요. 그도 그럴 것이 진흙 하나를 뭉쳐 와 둥지에 바른 다음 200번 넘게 부리로 다져야만 곱게 펴지기 때문이지요. 동고비는 작고 약한 새예요. 하지만 작고 약함을 부지런함으로 극복해요. 자연이나 인간 세상이나 부지런함은 소중한 생존 전략의 하나이며, 부지런함은 누구라도 그 주인이 될 수 있답니다.

동고비가 진흙을 나르느라 분주한 3월 중순이면 숲에서 아주 반가운 친구가 모습을 드러내기 시작해요. 겨울잠에서 깨어난 다람쥐예요. 먹을거리부터 찾는군요. 그럴 만하지요. 겨울잠을 자느라 겨우내 먹지 못했으니까요. 이리저리 낙엽을 헤치며 땅을 뒤적이더니 땅에 묻어두었던 알밤을 잘도 찾아냅니다. 알뜰하게 껍질을 벗긴 뒤 볼이 터져라 뚝딱 먹어 치우는 모습이 참으로 귀여워요. 배가 든든한 모양이에요. 바로 몸단장을 시작하네요.

봄은 다람쥐의 번식기예요. 다람쥐는 보통 땅속에 굴을 파고 새끼를 낳아 키우지요. 그런데 천적이 자주 나타나거나 조금이라도 안전에 위협을 느끼면 여러 차례 보금자리를 바꿔요. 그러다 땅 어디라도 마땅한 곳이 없으면 마침내 새끼를 물고 빈 딱따구리 둥지로 보금자리를 옮기고요. 아, 지금 어미 다람쥐가 털도 나지 않은 어린 다람쥐를 입에 물고 부지런히 나무 위로 올라가고 있어요. 그러고 보면 새끼를 끔찍이 아끼는 마음은 사람이나 다람쥐나 다를 것이 없나 봅니다.

봄 가뭄이 오래도록 이어지더니 드디어 비가 내렸어요. 메말랐던 계곡을 따라 물길이 다시 열려 이제 계곡이 계곡다워 보이네요. 계곡을 따라 흐르는 물이 많은 생명을

땅속 굴에서 딱따구리 둥지로 새끼를 물어 옮기는 어미 다람쥐

부르고 있어요. 새들 또한 그 소리를 듣지 못할 리 없지요.

아주 멀리서부터 물을 향해 모여드는 것이 틀림없지만 그렇다고 단숨에 오지는 않아요. 아주 조금씩 조심스럽게 접근해요. 앞서는 친구 몇몇이 한곳에 있다 이동하면 다음 친구들이 그 빈자리로 오고, 앞서는 친구가 다시 이동하면 뒤따라오는 친구들이 잠시 비었던 그 자리를 채우는 식으로요. 아무것도 보이지 않던 숲에서 새들이 하나둘씩 모습을 보이기 시작하고 금방 그 수가 늘어나 물을 향해 모여드는 모습이 정말 아름다워요.

물이 바로 내려다보이는 마지막 나뭇가지까지 와서도 바로 내려앉지 않고 한참을 또 고민해요. 한동안 주위를 살피던 친구가 드디어 나뭇가지를 떠나 물로 내려와 아주 짧은 시간에 물을 마시고 떠나네요. 그러자 뒤이어 몇 마리씩 내려와 또 아주 급하게 물을 마시고 떠나는군요. 흥미로운 점이 있어요. 물을 마시거나 목욕을 할 때면 새들은 되도록 충돌을 피한다는 거예요. 양보라고 보아도 좋겠고요. 주변에 있다가 옹달샘이 비어 있을 때 내려앉을 때가 대부분이고, 목욕을 하더라도 홀로 차지한 채 오래 버티지는 않아요.

어느 결에 반가운 친구가 또 나타났어요. 다람쥐예요. 그래요, 목이 마른 것은 다람쥐나 새가 다르지 않겠지요. 새를 이야기할 때 다람쥐가 자주 등장하는 데에는 이유가 있어요. 생명은 어떻게든 서로 연관이 있거든요. 더군다나 새와 다람쥐는 직접적인 연관이 있어요. 그 관계에 대해서는 뒤에서 이야기할게요.

1 2
3

1 2 물을 마시고 목욕을 하는 동박새 **3** 물을 마시는 다람쥐

번식의 시작, 둥지

3월도 어느덧 끝자락에 와 있어요. 동고비는 둥지를 완성해 놓고 진흙이 단단히 마르기를 기다리고 있고요. 둥지를 짓느라 애쓴 암컷은 여유가 생긴 반면, 수컷은 하루 종일 둥지를 지키느라 먹이도 제대로 먹지 못해요. 잠시 한눈파는 사이에 둥지의 옛 주인인 딱따구리라도 나타나면 큰일이거든요. 동고비가 아무리 애써 막았더라도 딱따구리가 마음먹고 부리로 몇 번 쪼면 진흙으로 막은 입구쯤이야 한순간에 무너져 내리니까요.

동고비에 이어 부지런한 친구가 숲에 나타났어요. 원앙이에요. 숲이나 산속에서 원앙을 만나면 물에서 사는 오리 종류가 왜 이곳에 있을까, 의아해할 수 있어요. 하지만 지극히 자연스러운 모습이에요. 원앙은 오리 종류 중에서 번식 습성이 무척 독특한 친구라 그래요. 계곡이나 저수지가 가까이 있는 울창한 숲에 와서 알을 낳거든요. 알을 낳는 장소로는 나무가 오래되어 썩어서 저절로 생긴 구멍이나 까막딱따구리가 만든 둥지를 이용하고요.

알은 하루에 하나씩, 열 개 정도 낳아요. 그런데 알을 모두 낳을 때까지는 알만 낳고 둥지는 비워둬요. 알을 낳는 시간은 주로 해 뜰 무렵이지만 그렇다고 정해진 것은 아니에요. 알을 낳는 기간 동안 둥지는 하루에 딱 한 번만 드나들 뿐이고요. 게다가 알을 낳는 시간은 오직 원앙 암컷만이 아니까 그 순간을 놓치면 알을 낳았는지조차 분간할 수 없다는 뜻이지요.

▲ 둥지를 찾으러 숲에 들어온 원앙 한 쌍(왼쪽 수컷, 오른쪽 암컷)
▼ 까막딱따구리 둥지를 차지하고 날아드는 원앙 암컷

알은 모두 낳은 다음에 품기 시작해요. 만약 알을 열 개 낳는다면 열흘 동안 둥지에 알만 낳고 바로 떠나고, 알 열 개를 모두 낳은 뒤부터 품기 시작한다는 뜻이에요. 알을 낳을 때 수컷이 암컷에게 보이는 애정은 남달라요. 언제나 함께 다니면서 암컷을 호위해요. 둥지에서 10미터 정도 떨어진 나뭇가지에 같이 앉아 있다가 암컷이 알을 낳으러 둥지에 들어가면 수컷은 그 자리에서 둥지를 지켜보면서 기다려요. 그리고 약 10분 정도 지나면 둥지가 있는 나무 근처로 자리를 옮겨 다시 기다리다가 알을 낳고 나오는 암컷을 호위하며 숲을 떠나고요.

이러한 모습 때문에 원앙은 금실이 좋은 것으로 소문이 난 모양이에요. 그런데 수컷의 역할은 여기까지가 끝이에요. 암컷이 알을 품기 시작하면 수컷은 더 이상 나타나지 않아요. 한 달 정도 이어지는 알 품기는 물론이고, 부화가 일어난 뒤 둥지에서 뛰어내리는 어린 원앙을 안전한 물가로 안내하는 것을 시작으로 어린 원앙이 독립할 수 있을 때까지 키우는 것은 오로지 암컷의 몫이에요.

큰소쩍새도 어느 결에 까막딱따구리 둥지를 차지하고 있네요. 까막딱따구리는 아직 번식 일정에 들어서지 않았어요. 번식 일정이 시작되면 암수가 번식 둥지를 번갈아 지켜요. 번식 일정에 들어서지 않은 지금은 암수가 따로 둥지를 쓰고, 둥지에서는 잠만 자요. 해가 뜨면 둥지에서 나서고 밤이 되어서야 둥지로 돌아와 잠을 자니, 낮에는 둥지가 비어 있다는 뜻이고요.

까막딱따구리 둥지를 차지한 큰소쩍새 ▶

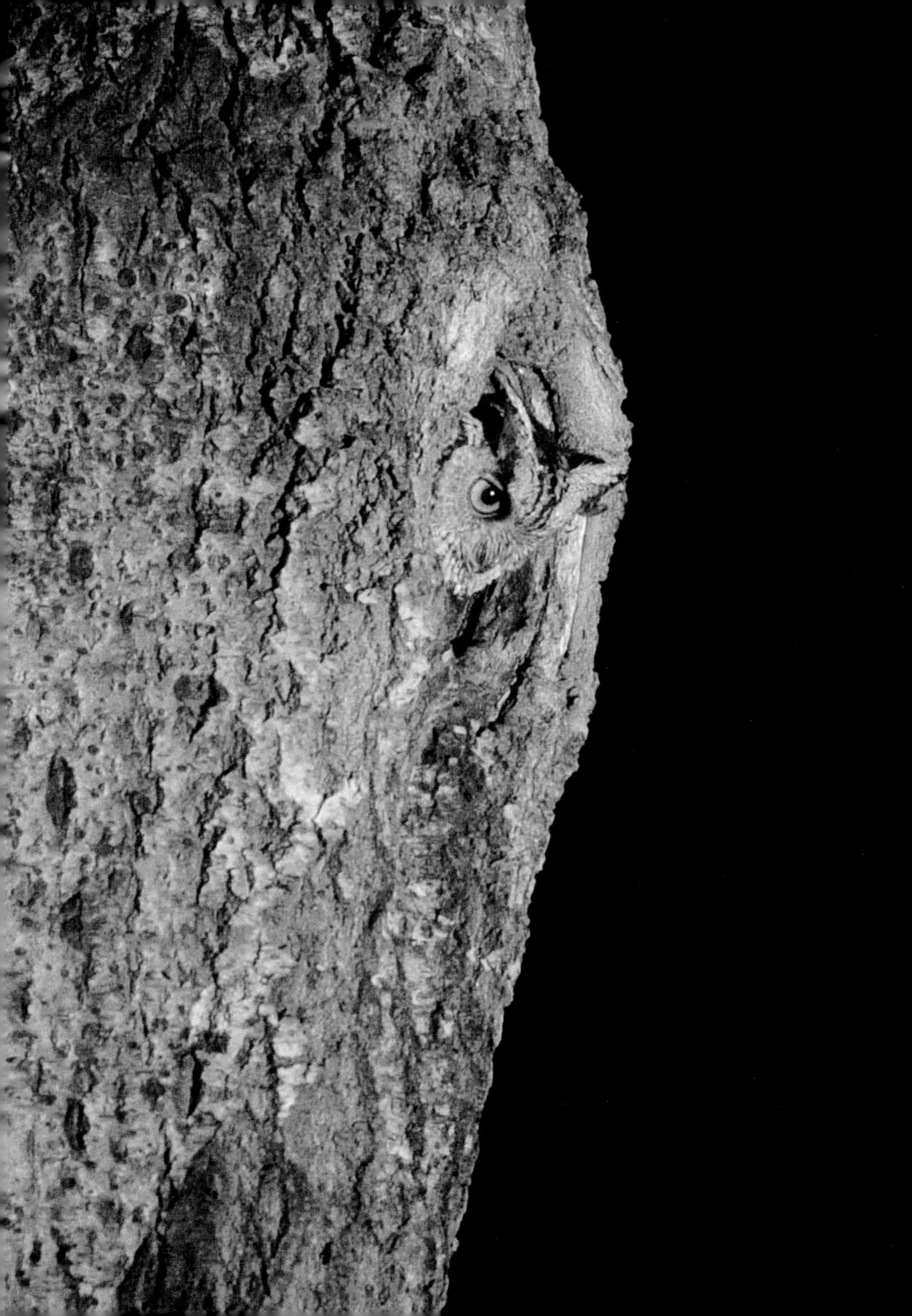

이때 큰소쩍새가 들어가는 거예요. 야행성이지만 필요하면 낮에도 움직이거든요. 그러고는 둥지 안에서 꿈쩍도 하지 않아요. 다시 본래의 야행성으로 돌아가는 것이지요. 어둑어둑할 즈음이면 까막딱따구리가 오지만 이미 늦었어요. 둥지 안에서 큰소쩍새가 버티고 있으니 빼앗을 방법이 없어요. 까막딱따구리는 잠을 자려면 다른 곳을 찾을 수밖에 없고요. 그렇다고 둥지를 뚝딱 지을 수 없는 노릇이라 까막딱따구리는 둥지를 여러 곳에 지어 놓아요.

완전히 어두워지고 까막딱따구리가 움직이지 않는 시간이면 큰소쩍새는 둥지에서 나와 먹이활동을 해요. 그러다가 동이 트기 전, 그러니까 까막딱따구리가 움직이기 전 다시 둥지로 들어가 밤까지 내내 잠을 자고요.

이렇게 낮에는 둥지가 비는 일이 없으니 까막딱따구리가 둥지를 되찾을 길은 큰소쩍새가 번식을 마치고 떠나기 전까지는 아예 없어요. 까막딱따구리뿐만 아니라 딱따구리 종류는 이런 식으로 야행성 맹금류에게 둥지를 빼앗길 때가 많아요.

둥지 짓기와 짝짓기

4월이 되었어요. 누가 뭐라 해도 완연한 봄이지요. 동고비가 딱따구리 둥지에 바른 진흙은 아직 다 마르지 않았어요. 동고비 수컷은 둥지를 지키느라 잠시도 한눈팔 사이가 없는 것은 여전하네요.

봄기운이 넉넉히 퍼지는 이 시기, 숲이 들려주는 소리에 가만히 귀를 기울여 보세요. 얼마 지나지 않아 또렷하게 들리는 소리가 있을 거예요. '탁탁, 탁타닥, 탁탁타닥…….' 그래요, 1초나 2초 간격으로 들리는 이 소리는 딱따구리가 나무를 쪼는 소리예요. 둥지를 짓는 소리이지요. 때로는 '드르르르르르륵, 드르르르르르륵' 하는 소리가 연달아 들릴 거예요. 숲이 쩌렁쩌렁 울릴 정도로요. 이 소리는 마치 드럼을 두드리는 것 같다 하여 '드러밍'이라고 해요. 드러밍은 둥지를 짓는 소리가 아니라 자기 영역임을 표시하거나 짝을 찾으려고 내는 소리이지요.

4월 초, 딱따구리들이 번식하려고 둥지를 새로 짓거나 쓰던 둥지를 수리하는 소리, 그리고 드러밍 소리가 여기저기에 울려 퍼지면서 숲은 바야흐로 딱따구리의 계절로 들어서요. 물론 동고비는 바짝 더 긴장해야 하는 시기이기도 하지요. 우리나라에는 쇠딱따구리, 아물쇠딱따구리, 오색딱따구리, 큰오색딱따구리, 청딱따구리, 까막딱따구리가 살아요. 크기 순서로 나열했어요. 쇠딱따구리는 참새 크기, 까막딱따구리는 까마귀 크기로 모두 텃새이지요.

딱따구리 종류의 암수 구별에는 간단한 법칙이 있어요. 머리에 어떠한 형태로든 붉은색이 있으면 수컷이에요. 그런데 모든 법칙이 그렇듯 예외가 하나 있어요. 까막딱따구리는 암컷도 머리에 붉은색이 있거든요. 암수가 모두 머리에 붉은색이 있지만 차이는 분명해요. 까막딱따구리 수컷은 머리 윗부분 전체가 붉고, 암컷은 뒷부분만 붉어요.

크낙새라는 딱따구리가 있었어요. 크기와 모습이 까막딱따구리와 비슷한데 아쉽게도 이제는 만날 수가 없어요. 멸종하고 말았거든요. 따라서 현재 우리나라 딱따구리 종류 중에서 까막딱따구리가 가장 커요. 까막딱따구리는 천연기념물 제197호, 멸종위기 야생동·식물 I급

으로 지정하여 보호하는 귀한 새예요. 까막딱따구리마저 우리 땅에서 잃고 싶지는 않은데, 걱정이에요.

지금은 새들이 여기저기서 둥지를 짓느라 온 숲이 분주한 시기예요. 둥지는 오직 부리 하나로 지어요. 그럼에도 둥지를 짓는 과정과 완성된 둥지를 보면 감탄이 절로 나와요. 뛰어난 조형미에 실용성까지 완벽하게 갖추었거든요. 둥지는 번식의 시작이지요. '시작이 반'이라는 말처럼 둥지는 번식의 성공과 실패를 가르는 첫 단추이고요. 둥지를 짓는 시기에 놓치지 말아야 할 것이 있어요. 둥지를 지을 때 아주 중요한 일이 같이 벌어진다는 점이에요. 바로 짝짓기예요. 새는 둥지를 지으면서 짝짓기를 하거든요.

둥지 짓기와 짝짓기는 조화가 필수예요. 둥지를 한순간에 지을 수 없듯이 수정된 알도 한순간에 생길 수는 없어요. 알은 낳을 때가 되었는데 둥지가 완성되지 않아도 문제고, 둥지는 완성되었는데 알을 낳을 시간이 멀었다면 그것도 문제잖아요. 그래서 새들은 둥지를 완성할 즈음 수정된 알을 낳을 수 있게 일정을 맞춰요.

여기서 짚고 넘어갈 점이 있어요. 암컷의 난자는 생장을 거듭하다 껍질이 생긴 뒤 몸 밖으로 나와요. 그런데 껍질이 생기면 수컷의 정자가 들어갈 수 없기 때문에 짝짓기가 일어나도 수정이 되지 않아요. 성숙하지 않은 난자가 정자를 만난다고 한들 수정이 될 리도 없고요. 수정도 때가 있다는 거예요. 알맞게 성숙했으나 아직 껍질이 생기기 전

1	2
3	4
5	6

1 쇠딱따구리 암컷 **2** 오색딱따구리 수컷 **3** 큰오색딱따구리 수컷 **4** 청딱따구리 수컷
5 까막딱따구리 암컷 **6** 까막딱따구리 수컷

까막딱따구리의 짝짓기

의 난자가 정자를 만나야 수정이 일어나는 것이지요. 그 시기를 맞추는 것이 쉽지 않은 일이고요. 그래서 새들은 짝짓기를 자주 해요. 우리 눈에 잘 띄지 않을 뿐이에요. 짝짓기에 열심인 시기는 둥지를 한창 지을 때이고요.

새는 배설기와 생식기가 따로 있지 않아요. 배설과 생식의 기능을 함께 담당하는 구조로 꼬리깃 아래쪽에 총배설강(cloaca)이 있고, 짝짓기는 암수의 총배설강이 맞닿게 하는 몸짓이고요. 짝짓기는 암컷의 동의가 있어야 이루어질 수 있어요. 짝짓기의 첫 동작은 암컷의 등 위로 수컷이 올라서는 것이니까요. 암컷은 꼬리의 방향을 살짝 바꿔 등 위에 있는 수컷에게 총배설강이 노출되는 것을 도와줘요. 등 위에 있는 수컷이 몸을 돌려 암컷의 배 쪽으로 파고들기도 하고요.

어떠한 형태로든 총배설강이 맞닿는 순간 수컷이 정액을 뿜어내요. 수컷이 처음 암컷의 등에 오른 순간부터 암수의 몸이 분리되기까지 10초쯤 걸리고요. 그런데 새의 짝짓기는 암수 생식기의 완전한 결합에서 정자가 전해지는 것이 아니므로 그만큼 수정 확률이 낮아요. 이러한 문제를 극복하기 위하여 조류는 정자의 수를 늘리는 길을 선택했어요. 실제로 짝짓기를 할 때 뿜어내는 정자의 수는 포유류보다 조류가 훨씬 많아요.

눈에 띄지 않거나 자세히 살펴보지 않아서 그렇지, 새가 번식을 위해 쌍을 이루면 자주 짝짓기를 해요. 짝짓기를 자주 하는 것은 수정 확률을 높이기 위함이 우선이지만, 서로에 대한 신뢰와 유대감을 쌓는 데도 중요한 역할을 해요. 새끼를 키우는 과정은 암수 어느 한쪽의 힘만으로 완성할 수 없어요. 서로의 믿음을 바탕으로 하는 깊은 애정과 확실한 역할 분담이 이루어지지 않으면 치러내기 힘든 일이에요.

지금까지 소개한 동고비, 큰소쩍새, 원앙, 딱따구리는 모두 텃새예요. 텃새는 계절에 따라 이동을 하지 않고 우리나라에서 내내 살면서 번식을 하는 새를 말해요. 우리나라에서 일 년 내내 살아가려면 무엇이 문제일까요? 추운 겨울을 견뎌야 한다는 점이에요. 추위는 털로 이

겨낼 수 있는데, 결국 먹이가 문제이지요. 새의 중요한 먹이는 곤충과 곤충의 애벌레라 할 수 있어요. 그런데 겨울에는 만날 수 없어요. 양서류와 파충류도 새에게는 소중한 먹이예요. 하지만 이 친구들은 겨울이면 겨울잠을 자요. 따라서 우리나라에서 텃새로 살아가려면 겨울에 먹이를 구할 수 있어야 해요. 그 방법을 찾은 친구들이 우리나라의 텃새인 셈이지요.

먼저 알곡 또는 식물의 씨앗을 먹으며 겨울을 나는 새들이 있어요. 동고비가 그런 경우이지요. 큰소쩍새는 쥐를 주로 잡아먹는 맹금류예요. 작은 새도 잡아먹고요. 쥐와 새는 겨울에도 있으니 이들을 먹이 삼아 살아갈 수 있어요. 원앙은 오리 종류이니 물에서 다양한 수생생물을 먹어요. 게다가 도토리도 즐겨 먹고요. 겨울에 원앙이 산속 저수지에서 많이 보이는 이유예요. 겨울을 버티기에 충분하지요.

딱따구리는 무엇을 먹으며 겨울을 날까요? 그래요, 나무나 땅속에서 살아가는 딱정벌레 애벌레를 잡아먹어요. 그렇더라도 겨울을 나는 것이 쉽지는 않아요. 따라서 우리나라의 새 가운데 텃새는 그리 많지 않아 모두 56종뿐이에요. 우리나라의 새를 540종으로 잡으면 약 10분의 1 수준이지요.

여름철새의 등장

어느덧 4월의 한가운데예요. 바람이 차갑다는 말은 이제 지난 이야기가 되었지요. 잎눈도 새록새록 터지고 있어요. 아주 작은 잎일지라도 다 큰 잎의 모양을 고스란히 간직한 것이 기특하고, 날마다 쑥쑥 크는 것도 그저 신기하기만 해요. 4월 중순에 이르면 숲 여기저기서 지금까지는 들리지 않았던 새로운 새소리가 들리기 시작해요. 여름철새 중 이른 새들이 우리나라를 찾아와 짝을 찾는 노래 잔치를 벌이거든요. 호랑지빠귀 소리는 무척 스산하지만 되지빠귀, 흰배지빠귀 소리는 참 아름다워요.

검은지빠귀는 4월과 10월에 우리나라를 지나는 나그네새이지만 되지빠귀, 흰배지빠귀와 어울려 엄청 아름답게 노래해요. 소쩍새도 어느덧 밤을 새워 '소쩍, 소쩍' 울고요.

여름철새는 우리나라보다 더 따뜻한 지역에서 살아요. 봄에 우리나라로 와서 여름을 지내면서 번식을 하고 가을이 되어 추워지면 다시 따뜻한 지역으로 떠나는 새이지요. 결국 일 년 내내 따뜻한 지역, 곧 숲이 푸르른 곳에서만 사는 새들이라 몸 색깔이 화려한 것이 특징이에요. 여름철새가 우리나라를 찾아오는 가장 큰 이유는 번식 때문이고요. 우리나라의 여름은 덥긴 해도 저들이 있던 곳의 여름에 비하면 견딜 만하다는 거예요. 번식하려면 수도 없이 먹이를 날라야 하는데, 나는 것 자체가 엄청 체온이 오르는 일이거든요.

여름철새는 가을에 이르러 기온이 떨어지기 시작하면 우리나라를 떠나요. 추위를 견딜 만큼 깃털이 많은 것도 아니고, 푸른 숲이 갈색으로 변하다가 결국 휑해지는데 몸 색이 화려하니 천적의 눈을 피하기가 너무 어렵잖아요. 더 중요한 것은 먹이가 사라진다는 거예요. 곤충이 사라지고, 양서류와 파충류는 겨울잠에 들어 모습을 감추니 살길이 없어져 다시 따뜻한 나라로 돌아갈 수밖에요.

호랑지빠귀

되지빠귀

흰배지빠귀

검은지빠귀

상상을 넘어서는 부모 새의 새끼 사랑

동고비 둥지는 이제 완벽해요. 입구에 붙인 진흙이 딱딱하게 잘 말랐거든요. 마침내 동고비 암컷이 알을 낳기 시작했어요. 숲새들은 하루에 하나씩 알을 낳아요. 동고비는 평균 열 개 정도 알을 낳으니 알을 다 낳으려면 앞으로 열흘은 지나야 할 거예요. 더군다나 알까지 있으니 둥지를 지키는 동고비 수컷은 초긴장 상태이네요.

이웃 나무에서는 딱따구리들이 둥지 짓느라 정신이 없어요. 딱따구리가 둥지를 지을 때 흥미로운 점이 있어요. 암컷과 수컷이 번갈아 가며 둥지를 지어요. 둥지는 암컷만 짓고 수컷은 경계만 서는 동고비의 모습과는 사뭇 달라요. 물론 교대 또한 암수가 힘을 나누는 방법 중 하나이지요.

하지만 딱따구리들의 교대에는 조금 특별한 이유가 있어요. 교대는 한쪽이 와야 다른 한쪽이 나간다는 것을 뜻해요. 그러니 둥지가 잠시도 비지 않는다는 것이고요. 딱따구리가 왜 잠시라도 둥지를 비울 수 없는지 짐작할 수 있죠? 그래요, 잠시라도 비우면 둥지에 쏙 들어와 빼앗는 친구들이 많기 때문이에요.

이런! 동고비와 딱따구리의 둥지가 있는 높은 곳만 바라보느라 알아차리지 못했는데 낮은 풀숲에서도 또 다른 새가 번식 일정을 치르고 있네요. 오목눈이 암수가 함께 먹이를 물고 와 공중에서 정지비행을

1
2
3

1 나무속을 파낸 부스러기를 밖으로 던지는 큰오색딱따구리 암컷 **2** 교대 모습
3 나무속을 파낸 부스러기를 밖으로 던지는 큰오색딱따구리 수컷

하는 독특한 행동이 눈에 들어와요. 풀숲 어딘가에 오목눈이의 둥지가 있고, 오목눈이의 둥지에서는 이미 부화가 일어났다는 뜻이지요. 아하, 풀숲 사이에 오목눈이의 둥지가 있어요.

오목눈이 둥지의 주요 재료는 이끼이지만 이끼로 지은 다른 새의 둥지에 비해 특이한 점이 있어요. 다른 새들의 둥지는 대부분 위가 열려 있는 사발 모양이지만 오목눈이의 둥지는 달걀을 세워 놓은 듯한 타원형이에요. 생긴 모습이나 크기로 보면 타조의 알에 가까워요. 입구는 위쪽으로 동그랗게 열려 있어요.

이끼 사이로 희끗희끗하게 보이는 것은 거미줄이에요. 거미줄은 새들이 둥지를 지을 때 사용하는 자연의 접착제이거든요. 또 하나 특이한 점을 살펴볼까요? 둥지 내부에 다른 새들의 깃털이 여러 겹 둘러쳐져 있군요. 여러 겹 둘러친 깃털은 둥지 안으로 비가 스며드는 것을 막아줘요. 다른 새들에 비해 이른 시기에 번식을 치르기 때문에 둥지의 보온이 필수적인데, 이때 큰 도움이 되고요.

오목눈이의 둥지는 대체로 낮은 곳에 자리를 잡아요. 지금 오목눈이의 둥지도 땅에서 1미터 정도의 높이에 있고요. 땅에서 맞닥뜨리는 대표 천적이라 할 수 있는 뱀의 공격을 피할 수 없는 높이이지요. 따라서 뱀이 활동하는 시기 이전에 번식을 마치는 것이 필요해요. 오목눈이의 번식 일정이 다른 새들보다 빠른 까닭 중 하나예요.

이제 4월도 며칠 남지 않았어요. 비가 온 다음 날이라 하늘은 더없이 맑고 깨끗해요. 개나리 숲은 노란색에서 녹색으로 옷을 갈아입었어요. 봄꽃이 피고 또 지는 사이에 동고비는 알을 품고, 딱따구리들은 둥지를 마무리 짓고 알을 낳고 있어요.

어느새 오목눈이 어린 새가 자라 둥지를 떠날 시간이 되었어요. 오목눈이는 해가 뜨자마자 먹이를 나르기 시작하여 해가 지는 시간까지 쉼 없이 먹이를 날라 어린 새를 키워요. 열두 시간 정도 먹이를 나르는 셈이에요. 쉴 새 없이 자신의 부리로 먹이를 잡지만 그중 하나도 제대로 먹지 못하면서 말이지요.

먹이는 모두 애벌레예요. 오목눈이는 암수가 따로 올 때도 있지만 거의 대부분 함께 먹이를 물고 와요. 암수 모두 합해 하루에 250번 정도 먹이를 나르고요. 한 번에 평균 애벌레 두 마리를 잡아오니 하루에 500마리 애벌레를 잡는다는 계산이 나오지요. 250번이라는 횟수는 새끼를 키우는 기간 내내 거의 변화가 없어요. 아주 어릴 때부터 둥지를 떠나기 직전까지 먹이를 주는 횟수는 크게 변하지 않는다는 뜻이에요. 어린 새가 커갈수록 부모 새가 먹이 나르는 횟수는 늘어날 것이라 생각하기 쉽지만, 횟수는 그대로이고 먹이 크기가 커지거든요. 이러한 모습은 숲속의 여느 새들도 크게 다르지 않아요. 오목눈이와 그 밖의 새들은 어떻게 조금 더 큰 먹이를 날마다 구해 올까요? 답은 자연에 있어요. 애벌레도 날마다 자란다는 것이지요.

달이 바뀌어 5월의 첫날이에요. 고맙게도 어린 오목눈이 네 마리 모두 아주 건강한 모습으로 둥지를 떠났어요. 어린 새가 둥지를 떠나는 것은 독립을 뜻해요. 이제 홀로 먹이를 찾아야 하고 또 모든 어려움을 혼자 헤쳐 나가야 해요.

1 2 **1** 오목눈이의 둥지 **2** 둥지 밖으로 고개를 내밀기 시작하는 어린 오목눈이

동고비에 이어 지금은 딱따구리가 알 품기에 들어섰어요. 알을 품는 기간은 새에 따라 다르지만 대체로 2주에서 3주 사이가 가장 많아요. 새는 하루에 하나씩 알을 낳지만, 첫 번째 알을 낳고 곧바로 품지는 않아요. 마지막 알을 낳기 하루 전이나 마지막 알을 낳은 뒤부터 품기 시작해요. 낳은 알을 거의 동시에 부화시키기 위한 전략이지요. 부화 시기가 다르면 먼저 부화한 어린 새가 먹이를 독차지하여 늦게 부화한 새는 먹이를 제대로 먹을 수 없거든요. 이렇게 성장 차가 점점 벌어지면 모든 어린 새를 건강하게 키우는 것이 어렵게 되고요.

알을 다 낳고 품는다 해도 동시에 부화가 일어나게 하는 것은 오롯이 부모 새의 애씀에 달려 있어요. 알이 여러 개일 때 품 안에 있던 알은 밖으로, 밖에 있던 알을 품 안으로 가져오는 시기가 적절해야 하고,

1 2
1 먹이를 나르는 어미 오목눈이와 둥지의 어린 오목눈이
2 둥지를 떠나기 직전의 어린 오목눈이

알 하나하나를 제때 부지런히 굴려 모든 면을 고르게 품어야 하기 때문이에요.

알을 품기 전이라면 상관이 없지만 일단 알 품기에 들어서면 알이 새라는 생명체가 되기 위한 변화가 진행되어요. 그런데 변화가 진행 중인 알의 온도가 일정 온도 아래로 떨어지면 그 알은 생명체로 거듭날 수 없어요. 이 또한 새가 알을 품을 때 둥지를 비울 수 없는 까닭이고요. 언뜻 생각해도 24시간 둥지를 지키는 것이 결코 쉬운 일정은 아니잖아요. 따라서 새들은 암수가 번갈아 알을 품을 때가 많아요. 하지만 암컷 혼자 알을 품기도 해요. 동고비는 암컷 혼자 알을 품고, 딱따구리는 암수가 번갈아 알을 품어요. 여기서 궁금한 점이 생겨요. 딱따구리처럼 암수가 교대로 알을 품을 때 밤에는 어떻게 할까요? 밤에도 잠을 설치며 교대를 할까요? 그렇지 않아요. 밤에는 어느 한쪽이 맡아요. 어느 쪽이 둥지의 밤을 지키느냐는 새에 따라 다른데 딱따구리 종류는 수컷이 둥지의 밤을 지켜요.

텃새와 여름철새의 둥지 다툼

5월 중순의 숲은 무척 부산해요. 대부분 텃새들의 번식이 막바지에 이르러 어린 새들이 둥지를 떠나는 시기이거든요. 또한 파랑새, 호반새, 꾀꼬리, 팔색조, 긴꼬리딱새를 비롯하여 여름철새의 느낌이 물씬 나는 친구들이 우리나라를 찾아와 속속 숲으로 들어오는 시기이고요. 저들의 번식 일정은 이제 시작이에요.

숲의 고요함을 깨는 요란한 소리가 들려요. 파란색의 파랑새가 나타났어요. 파랑새는 숲에 들어오자마자 까치의 둥지를 향해 직행하고 있어요. 까치도 보통내기가 아닌데 그 집을 빼앗으려 하니, 사납기로는 파랑새도 어지간하겠지요. 실제로 파랑새는 까치집을 빼앗아 번식을 치르기도 해요. 지금은 여의치 않은 모양이에요. 그도 그럴 것이 어린 새를 거의 다 키웠는데, 까치 부모 새가 쉽사리 물러설 리 없지요.

한 발 물러서나 했더니 방향을 바꿔 곧바로 다른 곳을 공격하네요. 까막딱따구리의 둥지를 빼앗으려 덤벼들고 있군요. 까막딱따구리 역시 어린 새를 키우고 있으니 죽을힘을 다해 둥지를 지키고요. 여름철새들은 길지 않은 시간에 어린 새들을 키운 뒤에 떠나야 하기 때문에 차분히 둥지 지을 여유가 없어요. 사정이 이러한지라 숲에서는 한바탕 소란이 벌어지는 것이고요.

까막딱따구리의 둥지를 빼앗으려 덤비는 파랑새

"꾜르르르르르르, 꾜르르르르르르, 꾜르르르르르르", '옥쟁반에 구슬 구른다'는 표현이 딱 알맞은 소리이지요. 더없이 멋진 소리로 노래하는 친구가 숲에 들어왔어요. 텃새는 절대로 입을 수 없는 색깔, 붉은색에 가까운 주황색이 압권인 호반새예요.

호반새는 차분히 둥지를 물색하고 있어요. 둥지는 흙벽에 짓기도 하고, 나무에 짓기도 해요. 흙벽에 지을 때는 깎아지른 듯한 절벽에 지어요. 흙벽을 향해 돌진하는 것이 둥지 짓기의 시작이에요. 흙벽이 딱딱할 경우 튕겨 나오기도 하지요. 계속 돌진하며 부리로 찍어 조금씩 흙을 파낸 뒤 결국 흙 속에 들어갈 수 있는 공간을 만드는 식이에요.

호반새의 둥지 짓기

흙 절벽을 선택하는 것은 천적의 접근을 차단하겠다는 뜻이지요. 흙벽에 짓는 경우는 아주 드물기는 해요. 나무에 지을 때는 굵고 썩은 나무를 골라요. 방법은 흙벽에 지을 때와 같아요. 이도저도 마땅치 않으면 세 번째 방법을 선택해요. 딱따구리의 둥지를 빼앗는 것이에요.

지금은 썩은 나무줄기에 둥지를 지으려 하고 있어요. 마치 그루터기 같아서 다람쥐가 놀이터로 애용하는 곳이에요. 정확히는 예전 딱따구리 둥지 자리이지요. 버려진 지 오래되고 아무도 사용하지 않아 입구가 막혔지만 막힌 입구만 뚫으면 속이 비어 있으니 둥지를 짓기에 어렵지 않아요.

노란색의 새가 나타났어요. 꾀꼬리예요. 꾀꼬리는 몸이 노란색이어서 예부터 황조(黃鳥)라고 불렀어요. '꾀꼬리' 하면 가장 먼저 떠오르는 것은 무엇인가요? 그래요, 맑고 예쁜 소리예요. 실제로 꾀꼬리 소리는 참으로 맑고 예뻐요. 그런데 가끔 괴성에 가까운 소리를 낼 때면 어리둥절하기도 하고, 마치 다른 새가 내는 소리로 착각하기도 하지요. 그만큼 꾀꼬리가 내는 소리가 무척 다양하기 때문이에요.

조선시대 후기의 학자 이만영이 1798년(정조 22년)에 엮은 『재물보才物譜』와 언문학자인 유희가 1820년대 여러 가지 사물의 이름을 풀이한 일종의 어휘사전이라고 할 수 있는 『물명고物名攷』에는 꾀꼬리에 32가지의 소리 울림이 있다는 기록이 있을 정도예요.

꾀꼬리는 나뭇가지 사이에 마른풀 등을 엮어 바구니 모양으로 둥지를 매달 듯이 짓는 습성이 있어요. 20~30미터 정도로 워낙 높은 곳에 둥지를 짓기 때문에 꾀꼬리 둥지를 관찰하려면 찾기도 힘들거니와 찾았다 하더라도 목품을 꽤나 팔아야 해요. 하지만 애써 찾다 보면 비탈진 곳 나무에 지은 둥지를 만날 수 있어요. 능선에서 꾀꼬리 둥지를 내려다보는 행운을 누리는 것이지요.

아, 어린 다람쥐들이 보금자리를 떠나고 있어요. 두 달 전, 어미 다람쥐가 털도 나지 않은 어린 다람쥐를 입에 물고 부지런히 딱따구리의 빈 둥지로

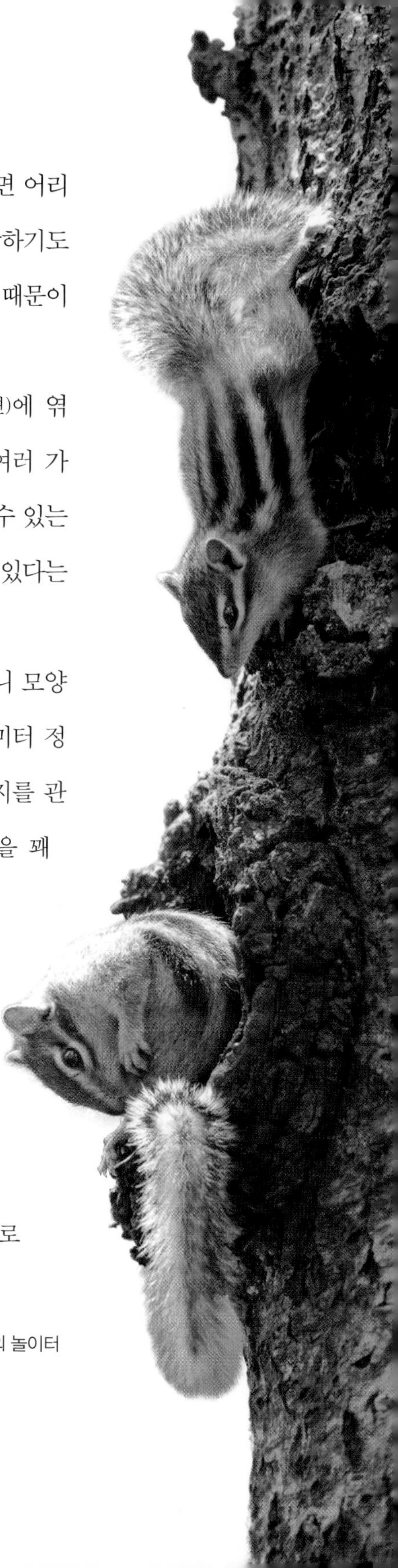

다람쥐의 놀이터

1 2 1 꾀꼬리 2 긴꼬리딱새

옮기는 것을 보았거든요. 이제 드디어 어린 다람쥐 하나가 둥지 밖으로 고개를 빠끔히 내밀고 있어요. 어린 다람쥐가 둥지 밖으로 얼굴을 내밀고 세상과 첫 만남을 하였으니 이제는 둥지 밖으로의 첫 나들이가 이어질 거예요. 그래요, 마침내 첫째가 둥지를 벗어났어요. 그리고 둘째, 셋째, 넷째도 순서대로 둥지를 빠져나와 세상을 향해 첫발을 내딛고 있어요. 숲의 작은 새들도 그렇고, 다람쥐 또한 첫째가 보금자리를 나서면 동생들이 꼬리를 잇듯이 뒤를 따라요. 첫째가 동생들 모두 둥지를 떠날 준비가 될 때까지 기다려 준다는 뜻이에요.

이런, 다람쥐가 살던 나무 바로 옆 나무의 딱따구리 둥지에서는 하늘다람쥐가 깃들이고 있었네요. 어린 하늘다람쥐들도 보금자리를 떠나고 있어요. 하늘다람쥐는 천연기념물 제328호와 멸종위기 야생동·식물 II급으로 지정하여 보호하고 있는 귀한 친구이지요.

다람쥐 형제의 세상 첫 나들이

보금자리를 떠나는 하늘다람쥐

홀로 서기, 둥지를 떠나는 어린 새들

기쁜 일이 또 있어요. 동고비 둥지에서 어린 동고비들이 하나씩 둥지를 떠나는 멋진 행진이 이어지고 있네요. 어린 새는 모두 여덟 마리예요. 엄마와 아빠 동고비는 팔남매를 키우느라 거의 거지꼴이 되었지만 둥지를 나서는 여덟 마리는 정말 깔끔해요. 절로 박수가 나와요. 동고비 한 쌍이 만나 둥지를 짓고, 알을 낳아 품고, 먹이를 날라 키워 어린 새들이 둥지를 떠나기까지 꼭 80일이 걸렸고요.

정말 정신이 없네요. 열흘 전부터 둥지 밖으로 고개를 내밀기 시작했던 어린 큰소쩍새들이 지금은 둥지에서 벗어나 나뭇가지에 주르르 앉아 있는 거예요. 큰소쩍새는 야행성이라 어린 새들은 깜깜한 밤에 둥지를 떠나요. 어린 새마다 시간을 달리해서 둥지를 떠나 여기저기에 흩어져 있는데 부모 새가 한곳으로 불러 모은 것이죠. 어린 큰소쩍새는 온전히 독립생활을 할 수 없는 상태에서 둥지를 떠나요. 아직 먹이를 잡을 능력도 없어요. 부모 새들이 한동안 보살펴줘야 하는데 따로따로 있는 것보다 모여 있어야 챙겨 주기가 쉽겠지요.

살며시 어린 새들이 앉아 있는 나뭇가지 밑으로 이동하니, 어린 새들이 오히려 내가 신기한 듯 고개를 연신 갸웃거리며 내려다보고 있어요. 큰소쩍새를 비롯한 올빼미 종류들은 눈동자를 움직일 수 없는 대신 고개를 자유롭게 움직이지요.

큰소쩍새와 비슷한 시기에 까막딱따구리의 둥지를 차지했던 원앙의 형편은 어떨까요? 원앙이 알을 품는 기간은 약 한 달로, 조금 긴 편

둥지를 떠나는 어린 동고비

이에요. 이 한 달 동안 암컷은 하루에 한 번 또는 두 번 정도만 둥지를 잠깐 비우고 먹이활동을 해요. 대략 하루에 23시간을 품는 셈이지요. 게다가 잠시 둥지를 비우고 나갈 때는 자기 가슴에서 뽑은 털로 알을 덮어 놓고 나가요. 원앙 수컷이 알 품는 것을 도와주지 않기 때문이에요. 알을 낳을 때에는 함께 있지만 알을 다 낳고 품기 시작하면 떠나거든요.

이틀 내내 원앙 둥지를 지켜보았지만 어린 원앙의 모습은 보이지 않아요. 어미 원앙은 동틀 무렵과 해가 진 뒤, 그렇게 두 번만 잠시 둥

지를 떠나 먹이활동을 하고 돌아왔고, 나머지 시간은 고개 한번 내밀지 않고 알을 품었어요. 정말 대단하다 싶을 정도로요.

다시 새날이 밝았어요. 하늘이 무척 청명한 날이에요. 구름 한 점 없어 고개를 든 것이 아니라면 하늘을 바다로 착각할 정도예요. 오늘은 어미 원앙의 행동에 변화가 있어요. 동이 트고 한참 지났지만 먹이활동에 나서지 않고 있어요. 오후 1시 무렵이에요. 새벽 4시부터 지켜보았으니 벌써 아홉 시간이 지났네요. 드디어 어미 원앙이 둥지 밖으로 고개를 내미는군요. 그런데…… 멀리 날아가지 않고 둥지 바로 앞 나뭇가지에 앉더니 둥지를 향해 '끄액, 끄액' 소리를 내고 있어요. 어린 원앙들을 부르는 소리가 틀림없어요. 가슴이 콩닥거리고 숨이 멎을 것 같은 순간입니다.

아, 어린 원앙 하나가 고개를 내밀었어요! 그리고 거침없이 허공으로 몸을 던져요. 첫째가 둥지를 떠나니 바로 둘째가 꼬리를 잇듯이 둥지를 떠나고 있어요. 셋, 넷, …… , 아홉, 열. 어린 원앙은 모두 열 마리예요. 열 마리 어린 원앙이 모두 둥지를 떠나는 데 걸린 시간은 고작 70초였고요.

어린 원앙들은 둥지를 떠날 때 몸에 붙어 있는 모든 것을 되도록 쫙 펴요. 몸에 공기주머니 같은 것이 있어 바닥으로 떨어질 때의 충격을 줄여 주기는 하지만, 공기와의 마찰을 최대한 크게 해야 충격이 덜 하

1	2
3	4
5	

1 둥지를 떠나기 전 둥지 밖으로 고개를 내밀고 있는 어린 큰소쩍새
2 3 둥지를 떠나 나뭇가지에 앉아 있는 어린 큰소쩍새
4 둥지를 떠난 어린 새를 지키며 돌보는 어미 큰소쩍새 **5** 한자리에 모인 큰소쩍새 가족

1 2

1 어미 원앙 **2** 둥지를 떠나는 어린 원앙

거든요. 바로 앞 덤불 속 어딘가에 귀여운 어린 원앙이 열 마리 있지만 다가서는 것은 삼가야 해요. 어미 원앙이 놀라 숲을 떠나면 어린 원앙들도 뿔뿔이 흩어져 결국 죽음을 피할 길이 없기 때문이지요.

한참을 얼어붙은 듯 꼼짝도 하지 않고 지켜보았어요. 덤불이 흔들려요. 어미 원앙이 이리저리 덤불을 헤치고 다니며 어린 원앙들을 찾아 모으는 것이 분명해요. 더러 바위에 떨어진 어린 원앙도 있을 테니 정신을 차리려면 시간이 조금 걸릴 수 있어요.

생각보다 시간이 꽤 오래 걸리네요. 막내까지 둥지를 떠나고 50분 가까이 지났을 때예요. 아, 한 줄로 늘어선 원앙 가족이 계곡을 향해 이동하는 모습이 보여요! 앞장선 엄마를 어린 원앙들이 종종걸음으로 뒤따르고 있어요. 이 멋진 모습을 사진으로 담고 싶은 마음이 샘솟습니다. 그러려면 뒤를 따라야 하고요. 하지만 이러한 행동이 어떠한 결과를 가져올지 쉽게 알 수 있어요. 그저 눈으로만 바라볼 뿐이에요. 눈으로 보는 것만으로도 충분히 고마우니까요.

어린 새들이 건강하게 둥지를 떠나는 모습을 지켜보는 것은 참으로 행복한 일이에요. 생명체 하나가 온전히 완성되는 과정이 그렇고, 부모 새가 온 힘을 다하여 어린 새들을 키우는 모습도 감동 그 자체이지요. 하지만 가슴이 시린 일도 있어요. 둥지를 떠난 그 예쁜 어린 새들의 반 정도는 일주일을 넘기지 못하고 죽어요. 비행 능력을 다 갖추지 못한 데다 먹이를 구하는 것도 서툴고, 어디에서나 천적이 도사리고 있기 때문이지요. 가슴 아프지만 어쩔 수 없어요. 죽음이 또 다른 생명으로 이어지는 것이 자연의 질서이니까요.

계곡의 거친 물살을 거슬러 올라가는 원앙 가족

그렇게 세 시간가량 흘렀어요. 계곡으로 향한 지 오랜 시간이 지났으니 원앙 가족이 지금쯤 계곡을 따라 하천이나 강에 이르지 않았을까 싶을 때였지요. 이제는 아무도 보이지 않을 빈 계곡이라도 보고 싶은 마음이 들었어요. 건강하게 잘 살기를 바라는 마음도 얹어서요. 그런데…… 놀라운 일이 벌어지고 있었어요. 원앙 가족이 아직도 계곡에 있는 거예요. 원앙 어린 새는 알을 깨고 나오자마자 헤엄을 잘 쳐요. 잘 치는 정도가 아니라 선수이지요. 계곡을 따라 쉽게 떠내려가는 길이 있는데 어미 원앙은 반대로 계곡을 거슬러 올라가는 길을 선택한 거예요! 거친 물살에 밀리고 또 밀려 얼마 올라가지도 못했고요. 간신히 알을 깨고 나왔는데다 또 그 높은 곳에서 뛰어내려야 했던 어린 원앙들이 이제 물을 만나 좋았을 텐데, 거슬러 올라가다니요? 엄마 원앙은 왜 그 길을 선택했을까요?

어느덧 5월도 끝자락에 와 있어요. 딱따구리의 둥지도 부산하기는 마찬가지예요. 부모 새가 열심히 먹이를 나르고 있네요. 그런데 눈여겨봐야 할 부분이 있어요. 쇠딱따구리, 오색딱따구리, 큰오색딱따구리 부모 새는 먹이를 부리로 물고 오는데 청딱따구리와 까막딱따구리 부모 새는 빈 부리로 온다는 거예요. 부리에 먹이가 물려 있지 않아요. 어찌 된 일일까요?

이 두 부모들은 먹이를 배에 담아 와 토해서 어린 새에게 줘요. 청딱따구리와 까막딱따구리는 몸집이 큰 편이에요. 덩치가 큰 친구들이 둥지에 자주 들락거리면 그만큼 천적의 눈에 잘 띌 수밖에 없겠지요. 에너지 소모도 크고요. 먹이를 배에 가득 담아 오면 둥지에 자주 오지 않아도 된다는 장점이 있어요. 실제로 큰오색딱따구리는 하루에 60번 정도 먹이를 나르지만 까막딱따구리는 10번 정도만 날라요. 키우는 어린 새가 서너 마리로 비슷한데도 그렇지요. 다른 장점도 있어요. 부모 새의 배 속에서 어느 정도 소화된 먹이를 어린 새들이 받는 것이라 영양분 흡수에도 큰 도움이 된다는 거예요.

달이 바뀌어 6월이 되었어요. 한낮은 꽤나 더운 시기이지요.

딱따구리 둥지에서도 어린 새들이 둥지를 떠나는 일정이 이어지고 있어요. 딱따구리 어린 새들은 동고비처럼 꼬리를 잇듯이 둥지를 떠나지는 않아요. 하루나 이틀 또는 사흘 정도의 차이로 둥지를 떠나는 것

1	2
3	4

1 딱정벌레 애벌레를 잡아 부리로 물고 온 오색딱따구리 수컷 **2** 딱정벌레 애벌레를 잡아 부리로 물고 온 큰오색딱따구리 수컷 **3** 배 속에 담아 온 먹이를 토해 올린 청딱따구리 수컷 **4** 배 속에 담아 온 먹이를 토해 올린 까막딱따구리 수컷

이 보통이에요.

어린 새들이 둥지를 떠나는 것은 번식 일정의 마지막 과정이라고 할 수 있어요. 부모 새가 한동안 어린 새들을 보살펴주지만 둥지를 떠나는 순간부터 이미 독립이 시작된 것이기 때문이지요. 어린 새들이 크면 둥지는 무척 좁고 답답한 공간이 되어요. 그릇 모양 둥지에서 먹이를 먼저 받아먹으려고 서로 몸을 밀칠 때면 떨어질까 봐 가슴이 조마조마해요. 실제로 떨어지기도 하고요. 그렇더라도 세상에서 둥지보다 더 아늑하고 안전한 곳은 없어요. 부모 새의 철저한 보살핌 속에 있는 것이니까요. 이러한 이유에서 어린 새들은 둥지를 떠날 수준으로 성장했더라도 둥지에 계속 머물고 싶어 해요. 하지만 결국 떠나야 하고 떠나려면 날아야 하는데 날갯짓이 서툰 상황에서 몸까지 무겁다면 제대로 둥지를 떠날 수 없어요.

1
2
3

1 새끼를 키우기 위해 먹이를 잡아 온 어미 큰오색딱따구리
2 둥지를 떠나기 직전의 어린 큰오색딱따구리 수컷
3 둥지를 떠난 어린 까막딱따구리 수컷

이때, 부모 새들은 태도를 바꿔요. 자신은 먹지도 못하고 오직 어린 새들을 위해 열심히 먹이를 나르던 행동을 멈춰요. 어린 새들에게 먹이를 제대로 주지 않아요. 먹이를 물고 와 줄 듯 말 듯 하다가 가 버리거나 아예 어린 새가 잘 볼 수 있는 나뭇가지에 뚝 떨어져 앉아 먹이를 보이기만 하다가 그냥 가 버리기도 해요. 어서 둥지를 나서라고 계속해서 소리를 내기도 하고요. 지금도 부모 새의 그러한 행동에 이끌려 어린 까막딱따구리가 둥지를 떠났어요.

'한 송이의 국화꽃을 피우기 위해' 봄부터 우는 새

6월 중순 즈음, 딱따구리가 번식을 마치고 둥지가 비면 어떤 일이 벌어질까요? 자연에는 허투루 버려지는 것이 없으니 그냥 비어 있지는 않아요. 누군가 들어와요. 경쟁도 치열하고요. 딱따구리가 번식을 마치고 둥지가 비는 날이 오기를 손꼽아 기다리는 친구들이 많다는 뜻이지요. 그중 대표적인 새가 소쩍새예요.

'소쩍새' 하면 떠오르는 시가 있어요. "한 송이의 국화꽃을 피우기 위해 봄부터 소쩍새는 그렇게 울었나 보다"로 시작하는 서정주 선생님의 「국화 옆에서」이지요. 「국화 옆에서」로 그 이름이 세상에 널리 알려졌지만 소쩍새의 실제 모습을 아는 사람은 많지 않아요. 새를 만나는 것 자체가 쉽지 않은 일이거니와 낮에는 어딘가에 꼭꼭 숨어 있다 어둠에 기대어 움직이는 야행성인 것도 그 이유이고요. 소쩍새는 이른 봄 우리나라를 찾아와 여름에 번식을 하고 국화꽃이 필 무렵이면 떠나는 올빼미과의 여름철새로 천연기념물 제324-6호예요.

소쩍새의 번식은 딱따구리의 번식이 끝난 뒤 바로 시작해요. 소쩍새는 오래된 나무가 썩으면서 생긴 빈 공간을 이용하기도 하지만 대체로 딱따구리의 둥지에서 번식을 치르기 때문이지요. 어린 새가 둥지를 떠나 독립하면 큰오색딱따구리 가족은 각자의 길을 가요. 어린 새도 둥지 주변을 떠나고 암컷도 더 이상 번식 둥지를 찾지 않지요. 다만 수컷은 여전히 번식 둥지를 지키며 살아가요. 둥지를 지킨다고 해도 둥지 곁에서 일상을 보내는 것은 아니에요. 잠만 자요. 어두워지면 둥지로 돌아와 잠을 자고 이른 아침이면 먹이활동에 나서요. 그러니 낮에는 둥지가 비어 있는 셈이고요.

이런 식으로 얼마나 둥지를 지킬 수 있을까요? 기껏해야 사나흘이에요. 어둠이 내리면 딱따구리 수컷은 어김없이 둥지에 나타나지만 안으로 들어가지 못할 때가 있어요. 누군가 벌써 자리 잡고 있는 것이지요. 더군다나 고개를 들이밀고 둥지 안을 살피던 수컷이 화들짝 놀라며 물러선다면 이미 둥지 안에는 대적하기 버거운 상대가 버티고 있다는 뜻이에요. 다음 날, 또 그다음 날도 같은 상황이 이어지다가 사나흘이 더 지나면 딱따구리 수컷은 아예 나타나지 않아요. 번식 둥지 지키기를 포기한 거죠. 새 주인은 소쩍새일 경우가 많아요.

소쩍새가 둥지를 차지하면, 둥지 앞에서 하루 종일 기다려도 통 모습을 보여주지 않아요. 낮에는 둥지 안에 틀어박혀 꿈쩍도 하지 않거든요. 어둠이 내리기를 기다리는 것 말고는 달리 방법이 없어요.

어둠이 내리고 얼마의 시간이 지나 뭔가 둥지를 나서고, 이어서 소쩍새의 울음소리가 들린다면 둥지의 새 주인이 소쩍새가 틀림없다는 것을 비로소 알게 되지요. 소쩍새는 '소쩍, 소쩍' 또는 '솟쩍다, 솟쩍다' 소리를 내요. 소쩍새가 '솟쩍다, 솟쩍다' 소리를 내면 풍년이 든다는 옛말이 있어요. 풍년이 들 터인데 지금 쓰는 솥이 작다는 뜻으로 말이지요. 하지만 하룻밤에도 '소쩍, 소쩍' 울다가 '솟쩍다, 솟쩍다'로 바꿔 울기도 하니, 이 옛말을 얼마나 믿어야 할지 잘 모르겠어요.

소쩍새를 비롯한 야행성 조류의 번식 일정을 관찰하는 일은 조금 버거워요. 낮에는 둥지 밖으로 고개 한번 내밀지 않다가 밤에만 둥지를 나서서 활동하기 때문이에요.

소쩍새는 지금 알을 품고 있는 것으로 보여요. 새가 날개를 접고 알을 품는 과정은 엄청난 희생의 시간이라고 할 수 있어요. 알 품기는 제 몸을 하루 종일 바닥에 붙이고 있는 일이에요. 진화의 과정에서 어떻게 하면 더 잘 날 수 있을까에 몰입하다가 마침내 뼈 속까지 비운 새들이 나는 것 자체를 포기하는 시간이고요. 새의 경우 새로운 생명의 탄생은 이처럼 자신의 가장 소중한 것을 포기함에서 비롯된다고 볼 수 있어요.

하루 종일 빈 둥지만 바라보는 날이 이어졌고, 더러 둥지를 찾지 못한 날도 있었어요. 그렇게 시간이 흘러 소쩍새가 큰오색딱따구리의 둥지를 빼앗은 지 꼭 40일째가 되는 날이에요. 오늘 밤은 둥지가 무척 부산해요. 조명을 비추지 않아 제대로 보이지는 않지만 둥지를 지키는 암컷에게 수컷이 연신 곤충을 물어 날라 전해 주고요. 알들의 부화입니다.

맹금류의 경우 둥지는 대개 암컷이 지켜요. 둥지 밖에서 경계를 서

는 일과 부화가 일어난 후 어린 새의 먹이를 구하는 일은 수컷이 맡아요. 암컷은 둥지 안에서 수컷이 전해 주는 먹이를 받아 어린 새에게 나눠 먹여요. 소쩍새의 알 품기 기간은 약 25일로 알려져 있어요. 알은 다섯 개 정도로, 하루에 하나씩 낳으니 산란이 5일 동안 일어났다고 볼 수 있고요. 그렇다면 10일이 남아요. 이는 산란에 앞서 미리 둥지를 차지한 기간으로 생각하면 되겠어요.

3주가 또 그렇게 흘렀어요. 아, 드디어 어린 새가 둥지 밖으로 스스로 고개를 내밀어요. 세상이 궁금한 모양이에요. 어린 소쩍새는 낮에도 둥지 밖으로 고개를 내민다는 점이 어미 새와 달라요. 그리고 이 시기가 되면 둥지의 공간이 좁아져 둥지를 지키던 어미 새는 둥지에 함께 있지 못하고 밖으로 밀려 나오고요.

소쩍새가 큰오색딱따구리의 둥지를 빼앗은 지 꼭 60일째예요. 어린 새가 번갈아 고개를 내밀기 시작하면 주위를 꼼꼼히 살펴볼 필요가 있어요. 둥지가 가장 잘 보이는 곳 어딘가에 비좁은 둥지를 떠난 엄마 새가 숨어서 경계 근무를 서고 있을 테니까요. 아, 보여요. 허투루 보면 절대 보이지 않을 곳이에요. 아빠 새는 둥지에서 뚝 떨어진 곳에 숨어 있어 찾기 쉽지 않아요.

어린 새는 주로 밤에 둥지를 떠나요. 어린 새가 둥지를 떠나기 시작하면 어미 새는 어린 새를 둥지에서 가까운 안전한 곳으로 안내해요.

1 2
3 4
5

1 큰오색딱따구리 둥지를 차지한 어미 소쩍새 **2** 둥지를 떠나기 직전의 어린 소쩍새
3 4 둥지를 떠난 어린 소쩍새 **5** 둥지를 떠난 어린 소쩍새를 지키고 있는 어미 소쩍새

이미 둥지를 나선 어린 새가 있고, 아직 둥지에 남은 어린 새가 있다면 어미 새는 둘 다 잘 볼 수 있는 곳에 자리를 잡아요. 그러다가 어린 새가 모두 둥지에서 벗어나면 둥지 주변을 완전히 떠나 더 깊은 숲으로 사라져 버리고요.

소쩍새가 가장 많이 우는 계절은 봄이에요. 우리나라에 와서 제 짝을 찾는 시기이지요. 번식 일정에 들어서도 꽤나 울지만 번식 일정이 끝나면 거의 울지 않아요. 그렇게 조용히 있다가 우리나라 들녘에 들국화가 활짝 필 즈음이면 소리 없이 우리의 땅을 떠납니다. 내년 봄, 또다시 구슬프도록 밤새워 울 것을 기약하면서 말이에요.

성장을 위해
거쳐야 하는
애씀의 시간

여름

둥지를 떠난 어린 새들이 내년에는 어른 새가 되어서 지금의 부모 새들이 감당했던 애씀을 제대로 이어가겠지요. 나무도 그러할 것이고, 곤충도 그러할 것이며, 자연에 깃들인 모든 친구가 그러할 것이라 믿어요.

성장을 위해 거쳐야 하는 애씀의 시간 여름

여름철새의 먹이

6월 중순에 이르렀어요. 우리나라 텃새의 번식 일정은 대부분 6월 초에 끝나요. 6월 중순이 되면 번식을 치러내기 힘든 시간이 닥치기 때문이에요. 다름 아닌 장마 기간에 접어드는 거죠. 일주일이 넘도록 쏟아지는 빗속에서 어린 새들을 키우는 것은 무척 힘겨운 일이에요.

먼저, 먹이를 구하는 것이 쉽지 않아요. 끝없이 비가 오고 기온까지 내려가 애벌레나 곤충 성충의 활동이 뜸해지거든요. 게다가 그릇 모양의 둥지에서 크는 어린 새들이 계속 비를 맞으면 체온이 급격히 떨어져 큰 위험에 빠져요. 할 수 없이 부모 새는 제 몸을 우산으로 삼아 어린 새들을 품어 줘요. 먹이를 찾기도 힘든데 먹이를 구하러 나갈 시간마저 없는 것이지요. 이처럼 어린 새를 키우는 부모 새에게 장마는 엄청난 시련의 시간인 셈이에요. 하지만 여름철새들은 이 시련의 시간을 온몸으로 견뎌내요. 피하거나 건너뛸 수 없으니까요.

여름철새들이 거쳐야 하는 시련의 시간, 장마와 폭우

이즈음은 여름철새 중 우리나라에 조금 일찍 들어온 새들의 번식이 막바지에 이르는 시기예요. 되지빠귀, 흰배지빠귀, 호랑지빠귀를 포함한 지빠귀 종류이지요. 지빠귀 종류 중에서도 호랑지빠귀가 우리나라에 가장 먼저 들어와요. 무척 스산하고 가느다란 소리로 '히이~, 호오~' 하며 울어요. 노랫소리이지만 노래한다고 말하기에는 살짝 불편해서 운다고 표현했어요. 게다가 주로 늦은 밤에 울어요. 어쩔 수 없이 '귀신새'라는 별명이 붙었지만 새끼를 키워내는 모습은 울음소리와 관계없이 간절합니다.

호랑지빠귀는 큰 나무에서 밥그릇 모양의 둥지를 잘 걸쳐 놓을 수 있게 가지가 뻗은 곳에 둥지를 지어요. 소나무에 둥지를 짓는 경우가 가장 많아요. 가느다란 마른 가지를 엮어 만든 밥그릇 모양의 틀에 진흙을 붙이고 이끼로 한껏 치장하는 것이 특징이지요. 어린 새의 먹이는 모두 지렁이예요. 비가 많은 여름철을 지나면서 번식을 치르니 새끼를 키울 먹이로 지렁이를 고른 것은 탁월한 선택으로 보여요. 어른 새의 주요 먹이도 지렁이고요. 되지빠귀와 흰배지빠귀도 마찬가지예요. 주요 먹이가 지렁이다 보니 지빠귀 종류는 지렁이를 잘 잡을 수 있는 구조를 갖추고 있어요. 낙엽이 쌓인 땅을 헤쳐 지렁이를 잡아야 하니 다리가 길어요. 부리도 낙엽을 뒤지고 지렁이를 잡기에 좋은 모양이지요. 호랑지빠귀가 땅바닥에서 통통 튀듯 이동하며 낙엽을 헤치며 지렁이를 잡는 모습은 참 재미있어요.

어린 새를 키울 때는 한꺼번에 지렁이 여러 마리를 잡아 와요. 많을 때는 열 마리까지도요. 물론 지렁이는 한 번에 한 마리만 잡을 수 있

둥지를 지키는 엄마 호랑지빠귀와 지렁이를 잡아 온 아빠 호랑지빠귀

어요. 그러니 여러 마리를 가져가야 할 때는 하나씩 잡아 땅 위로 던져 놓고, 또 잡아 던져 놓는 행동을 반복하며 한곳에 모아둔 뒤 일정 개수가 되면 한꺼번에 모아서 가져가는 식이에요.

호랑지빠귀가 알을 품는 기간은 12일 정도, 부화한 어린 새가 둥지를 떠나기까지는 2주 정도가 걸려요. 비슷한 크기의 다른 새와 비교할 때 알을 품는 기간에는 차이가 없지만 새끼를 키우는 기간이 일주일 정도 빠른 편이지요. 지렁이를 먹여 새끼를 키우는 경우 대체로 그 기간이 짧아요. 지렁이 한 가지만 먹이는데도 더 쑥쑥 크는 것을 보면 지렁이가 모든 영양분을 골고루 갖춘 아주 좋은 먹이인 모양이에요.

가슴 찡한 부모 새의 새끼 배설물 처리법

먹으면 나올 수밖에 없는 것이 배설물이며 어른 새의 배설물은 거의 액체예요. 그런데 둥지에서 크는 어린 새 또한 어른 새처럼 액체 형태로 배설한다면 어떤 일이 벌어질까요? 둥지는 비좁고 어린 새는 제대로 움직이지도 못하니 둥지의 위생은 도저히 어린 새가 자랄 환경이 되지 못할 테지요. 새는 이런 문제를 어떻게 해결했을까요? 배설물을 잘 터지지 않는 우윳빛 막으로 둘러싸는 길을 찾았어요. 배설물을 봉투에 담아서 버리는 셈이지요.

배설물을 막으로 둘러싸는 것 말고 또 하나 해결해야 할 것이 있어요. 어린 새가 언제 배설할지 어떻게 아느냐 하는 문제예요. 먹이를 구해 오기도 바쁜데 배설을 할 때까지 마냥 기다릴 수도 없는 노릇이잖아요. 이 문제의 해결도 참 멋져요. 어린 새에게 먹이를 준 뒤 잠시 기다려요. 먹이가 소화기관을 자극하여 배설을 유도하기 때문이에요. 게다가 먹이를 받아먹은 어린 새는 엉덩이를 위로 들고 배설하여 부모 새의 배설물 처리 수고를 덜어주고 도와줘요. 부모 새는 먹이를 준 다음 30초 정도 기다려도 어린 새가 배설하지 않으면 그냥 먹이를 구하러 떠나요. 이번 먹이는 배설하는 데 자극이 되지 못했다는 뜻이니까요.

부모 새는 어린 새의 배설물을 부리로 물고 되도록 멀리 날아가 버려요. 둥지에서 어린 새의 냄새를 줄이는 것이 천적으로부터 어린 새를 지키는 길이기 때문이지요. 그런데 모든 새가 그렇게 하는 것은 아니에요. 호랑지빠귀는 배설물을 부모 새가 먹어요. 부화한 지 며칠 되지 않은 아주 어린 새의 배설물은 대부분 부모 새가 먹어서 처리해요.

호랑지빠귀가 막으로 둘러싸인 어린 새의 배설물을 부리로 받는 모습

어린 새는 아직 소화 능력이 뛰어나지 않아 먹이에 담긴 영양분을 제대로 흡수하지 못해요. 배설물에 영양의 가치가 남아 있다는 뜻이지요. 그냥 버리기 아까울 정도로요. 그러나 어린 새들이 적당히 크면 영양의 가치가 없어진 배설물을 부리로 물어서 멀리 버리는데, 호랑지빠귀 부모 새는 어린 새들이 다 커서 둥지를 떠날 때까지도 배설물을 먹어요.

알을 품을 때부터 새끼를 키우는 기간 동안 둥지는 기본적으로 암컷이 지켜요. 물론 교대를 하지만 수컷이 둥지를 지키는 시간은 아주 짧아요. 암컷은 둥지를 지키고 수컷은 먹이를 구하는 식으로 역할 분담을 하는 것이지요. 수컷은 품는 것 자체가 아주 어설퍼요. 암컷은 어떡하든 품으려 하고 잘 품는데 수컷은 천적이 접근하는 상황이 아니라면 품지 않아요. 왜 저렇게 품어 주지 않을까 했는데 그 또한 나름 이유가 있어 보여요. 품어 주지 않는 것이 어린 새가 거의 다 커서 둥지

를 떠날 즈음에는 더 바람직하다는 것이에요. 엄마 새는 어린 새가 다 커도 품속에서 놔주지 않아요. 꼭꼭 품어요. 새끼를 지킨다는 면에서는 이보다 안전할 수 없지요. 하지만 어린 새들이 날갯짓을 할 수가 없어요. 아빠 새는 품지 않고 옆에서 멀뚱멀뚱 쳐다보기만 해요. 아빠 새가 있을 때에만 어린 새들이 신나게 날갯짓을 연습할 수 있는 셈이지요. 이 또한 어린 새를 키울 때의 조화가 아닐까 하는 생각이 듭니다.

마침내 지루한 장마가 시작되었어요. 때로 비가 퍼붓듯 쏟아지지만 그렇다고 새끼를 키우는 일에 멈춤이 있을 수는 없지요. 둥지를 스스로 마련하려고 이 나무 저 나무를 오가며 애썼던 호반새는 결국 쉬운 길을 찾았어요. 다람쥐가 쉼터로 쓰던 딱따구리 둥지를 빼앗은 것이에요. 미련이 남았는지 가끔 다람쥐가 기웃거리지만 신경 쓰지 않고 열심히 새끼를 키우고 있어요.

결국 흐르는 시련의 시간

우리나라를 찾아오는 물총새과의 여름철새에는 물총새, 호반새, 청호반새가 있어요. 이들은 모두 영어 이름에 '킹피셔(kingfisher)'가 들어가요. 어부 중에서도 왕이라는 뜻이지요. 호반새는 영어 이름에서 알 수 있듯이 물고기를 잘 잡아요. 물고기뿐만 아니라 개구리, 가재, 뱀, 쥐를 비롯하여 사실 호반새가 못 잡을 것은 없어 보여요. 예사롭지

1 2 어떡하든 품으려는 엄마 호랑지빠귀
3 어린 새를 품지 않고 아예 옆으로 비켜선 아빠 호랑지빠귀
4 날갯짓 연습을 하는 어린 호랑지빠귀 **5** 둥지의 어린 호랑지빠귀

않게 생긴 부리의 느낌 그대로이지요. 자신을 위한 먹이든 새끼에게 먹일 먹이든, 먹잇감을 잡으면 머리를 좌우로 흔들어 나뭇가지나 돌에 호되게 메쳐 기절시키거나 먹기 안 좋은 부위를 떼어낸 뒤 먹는 습성이 있어요. 이러한 습성은 물총새과의 특징이기도 해요.

알을 품는 기간은 2주이며, 암수가 하루에 네 번 교대를 하는데 둥지의 밤은 암컷이 지켜요. 이 시기는 아주 은밀하게 지나갑니다. 하루 네 번 교대 중 첫 번째는 아직 날이 밝기 전의 새벽, 네 번째는 약간 어두워진 밤에 이루어지고, 두 번은 낮에 이루어져요. 교대를 하러 온 쪽이 둥지와 멀리 떨어진 곳에서 아주 작은 소리를 내면 둥지 안에 있는 쪽이 주위를 철저히 살핀 뒤 둥지를 나서지요. 그리고 누군가 둥지 근처에서 얼씬거리면 교대를 포기하고 다음 기회를 엿보고요. 경계심이 무척 강한 새예요.

2주 동안 은밀한 알 품기가 끝나면 부화가 일어나고 먹이를 나르기 시작하는데 호반새가 새끼를 위해 마련하는 식단은 정말 다양해요. 처음에는 아주 작은 곤충부터 시작하지만 마지막에는 뱀까지 잡아 오거든요. 그렇더라도 가장 많이 가져오는 먹이는 개구리예요.

파랑새는 까치집을 빼앗으려다 실패하고 다시 까막딱따구리 둥지를 노렸지만 그마저 실패했어요. 지금은 청딱따구리가 새끼를 키우고 떠난 둥지에서 열심히 새끼를 키우고 있고요. 여전히 비가 쏟아지네요.

1 2
3 4
5 6

1 다람쥐 쉼터였던 딱따구리 둥지를 차지한 호반새 **2** 빼앗긴 쉼터를 기웃거리는 다람쥐
3 부화 직후 아주 작은 거미를 어린 새 먹이로 가져온 호반새
4 새끼 키울 때 가장 중요한 먹이인 개구리를 잡아 온 호반새
5 폭우 속에서도 먹이를 잡아 온 호반새 **6** 둥지를 떠난 어린 호반새

어느덧 7월로 들어섰어요. 장마라는 시련의 시간을 극복하고, 장마에 이은 찜통더위마저 잘 견뎌내며 파랑새와 호반새 모두 어린 새들을 잘 키워냈어요.

숲에서는 꾀꼬리 한 쌍이 남아 어린 새 다섯 마리를 위해 부지런히 먹이를 나르고 있어요. 어린 새들은 죽은 듯 둥지에 엎드려 있다가도 부모 새가 둥지에 접근하면 서로 고개를 최대한 높이 쳐들고 입을 쫙 벌려요. 조금이라도 고개를 더 쳐들면 쳐들수록, 입을 더 벌리면 벌릴수록 그만큼 먹이를 받아먹을 확률이 높아지기 때문이지요. 경쟁은 바로 둥지부터 시작인 셈이에요.

하지만 부모 새는 되도록 먹이를 골고루 나눠주려 애써요. 가장 높이 고개를 쳐든 어린 새에게 먼저 먹이를 전하지만 먹이를 넘기는 것이 신통찮다 싶으면 방금 전 먹이를 받아먹은 것을 알아차리고 바로 빼서 다른 어린 새에게 주는 식으로 조절해요.

먹이는 싱싱한 애벌레가 주를 이루며, 계절 과일로 뽕나무 열매인 오디를 사이사이에 가져오기도 해요. 꾀꼬리 부모 새도 호랑지빠귀처럼 어린 새들의 배설물을 먹어서 처리해요. 꾀꼬리 또한 영양가 많은 먹이를 자신의 부리로 쉼 없이 나르면서 정작 자신은 어린 새들의 배설물에 남은 찌꺼기 영양분으로 허기진 배를 채우며 어린 새를 키워내요.

1	
2	
3	4

1 폭우 속에서 먹이를 구하러 나서는 파랑새
2 비가 잦아들자 더 열심히 먹이를 찾아 나서는 파랑새
3 둥지를 떠나기 직전의 어린 파랑새 **4** 둥지를 떠난 어린 파랑새

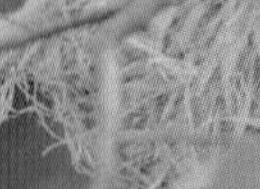

1 새끼를 키우고 있는 꾀꼬리 한 쌍
2 3 4 어린 새에게 먹이를 전해 주는 모습
5 6 7 8 9 10 어린 새의 배설물을 받아먹는 모습
11 둥지를 떠나기 시작하는 어린 꾀꼬리

계곡은 새들의 은밀한 목욕탕

한여름으로 접어들면 숲에는 고요만이 흘러요. 짝을 찾는 아름다운 노랫소리는 끊어진 지 오래고, 새끼 키우며 암수가 소통하던 소리도 멈췄어요. 둥지 근처에서 퍼지던 어린 새의 먹이 보채는 소리도 더 이상 들리지 않아요. 쉴 사이 없이 먹이를 나르던 움직임도 뚝 끊어졌고요. 숲에 새가 이리도 없나 싶은 시기이지요. 이때 새를 만나기 좋은 곳이 있어요. 바로 계곡이에요.

장맛비가 오락가락하는 사이로 무더위가 기승을 부리고 있어요. 낮이야 그렇다 치더라도 무더위가 밤까지 식을 줄 모르고 이어져 잠 못 이루는 밤도 많지요. 낮과 밤을 가리지 않는 후텁지근한 날씨에 가만히 있어도 땀이 줄줄 흐르니 불쾌지수도 어지간히 오르고요. 그런데 땀을 흘릴 수 있다는 것이 얼마나 큰 축복인지 몰라요. 땀은 체온 조절에 필수적이기 때문이지요. 땀샘에서 분비되는 땀은 99퍼센트 정도가 물이고, 사람의 몸에는 약 200~400만 개의 땀샘이 있어요. 대략 6.5제곱센티미터당 땀구멍이 77개 분포하는 셈인데 체온이 상승하면 땀 분비가 일어나고 땀이 증발하면서 피부 표면을 냉각시켜 체온이 상승하는 것을 막아줘요.

하지만 모든 동물에게 땀샘이 있는 것은 아니에요. 모피로 몸을 두른 동물은 기본적으로 땀샘이 없어요. 땀으로도 체온 상승을 막을 수 없는 이들은 도대체 어떻게 여름을 날까요? 헐떡이는 방법(panting)이 있어요. 무더운 날, 개가 헉헉거리며 숨을 몰아 내쉬는 것도 그 방법이지요. 또 한 가지 방법이 있어요. 바로 목욕이에요. 여름날 높은 체온을 식히기에 목욕만 한 방법이 없지요. 새 역시 땀샘이 없어요. 눈에 띄지 않아서 그렇지, 무더운 여름날 새들은 몹시 헉헉거려요. 헉헉거리며 뜨거운 기운을 토해내다가 안 되겠다 싶으면 목욕을 하고요. 목욕은 체온을 떨어뜨릴 뿐만 아니라 날개가 생명인 저들이 날개의 청결을 유지하는 효과도 있어요. 그러니 번식이 거의 끝난 시기에 새를 만나려면 계곡으로 향할밖에요. 둥지를 떠나 홀로서기에 들어선 어린 새들을 만나기에도 계곡만 한 곳이 없어요. 옹달샘 수준으로 물이 고인 아주 작은 계곡이라면 더할 나위 없이 좋지요. 새는 자기 발목 정도가 잠기는 깊이의 물에서 목욕을 해요. 깊은 곳으로는 들어가지 않아요. 넓이는 양쪽 손바닥을 펼쳐놓은 정도면 충분하고요.

인적이 끊긴 지 오래된 깊은 산 속 작은 계곡으로 찾아들었어요. 내가 새라면 목욕하고 싶은 마음이 절로 들 그런 곳이지요. 계곡을 찾아온 첫 손님은 흰배지빠귀예요. 어른 새가 먼저 모습을 드러내더니 이내 어린 새가 나타났어요. 벌써 많이 커서 목욕하는 모습이 어색해 보이지 않네요. 되지빠귀도 어른 새와 어린 새가 함께 왔고요. 지빠귀 종류가 총출동하는군요. 호랑지빠귀가 깡충깡충 뛰듯 물로 들어와 시원하게 목욕을 하고 있어요. 까칠한 때까치도 수컷과 암컷 모두 목욕을 하고 떠났고요.

예상하지 못한 새도 와 주었어요. 어린 오색딱따구리 수컷이 등장하네요. 꽤 먼 하천에서 계곡을 따라 올라온 새도 있어요. 노랑할미새가 꼬리를 까딱까딱 흔들며 계곡 여기저기를 음미하듯 돌아다니고 있군요. 숲의 폭군 어치 여러 마리가 수시로 드나드네요.

계곡에서 목욕하는 새들의 모습

1 어른 흰배지빠귀 **2** 어린 흰배지빠귀 **3** 어른 되지빠귀 **4** 어린 되지빠귀
5 호랑지빠귀 **6** 노랑턱멧새 **7** 때까치 수컷 **8** 때까치 암컷
9 노랑할미새 **10** 어린 오색딱따구리 **11** 어치 **12** 물총새

어치가 드나드는 사이로 노랑턱멧새도 더위를 식히러 왔어요. 하천에서 계곡을 따라 올라온 새가 또 있어요. 생김새도 앙증맞은 물총새랍니다.

한번 나타나주기를 마음으로 간절히 바라는 새가 있어요. 팔색조와 긴꼬리딱새예요. 아직 팔색조와 긴꼬리딱새가 목욕하는 모습을 관찰하지 못했거든요. 자연 상태에서 팔색조와 긴꼬리딱새가 목욕하는 모습은 지금까지 알려지지 않은 것으로 알고 있어요. 아무도 가지 않은 길을 간다는 의미도 있지만, 정말 아름다울 것 같아서 팔색조 소리가 들리는 계곡을 찾아 기다리고 있어요. 팔색조 소리가 들리는 곳을 찾은 이유는 팔색조와 긴꼬리딱새의 서식 환경이 거의 같기 때문이에요. 긴꼬리딱새 소리보다는 팔색조 소리가 훨씬 커서 멀리서도 잘 들리고요.

숲의 요정

팔색조는 '숲의 요정'이라 불려요. 학명과 영어 이름 모두에 요정을 뜻하는 '님파(*nympha*)'와 '페어리(fairy)'가 있어 붙은 별명일 거예요. 팔색조는 여덟 가지 색을 지닌 새를 뜻해요. 색깔을 어떻게 세분하느냐에 따라 다르겠지만 실제로는 그보다 색이 더 많아 보이기도 하고, 또 어떨 때는 적어 보이기도 하지요. 숫자 8은 분명 여덟을 뜻하지만 숫자 8에 '여러 가지'라는 뜻도 있으니 굳이 팔색조가 여덟 가지 색인지를 따질 필요는 없어요. 팔방미인의 팔방(八方)이 꼭 여덟 가지 방향을 뜻하는 것이 아닌 것처럼요. 게다가 팔색조의 영어 속칭은 일곱 빛깔의 새(seven-colored bird)예요. 몸길이는 약 18센티미터이고요.

세계에서 아름다운 새 중 하나로도 꼽히는 팔색조는 5월 중순경 우리나라에 와서 여름을 지내며 번식을 하고 찬바람 술렁이는 가을이면 떠나는 여름철새예요. 팔색조는 숲의 비탈, 굵은 나뭇가지 사이, 바위 위에 나뭇가지를 엮어 둥지를 짓는데 어느 곳이라도 모양은 윗부분이 둥그런 돔(dome) 형태예요. 나뭇가지나 바위 위에 지은 둥지는 그런대로 눈에 띄지만 비탈에 지은 둥지는 정말 찾기 어려워요. 심지어 바로 앞에 두고도 지나칠 때가 많을 정도로요. 팔색조의 알 품기 기간은 17일 정도예요. 부화한 어린 새가 둥지를 떠나기까지는 약 18일 정도가 걸리고요.

팔색조가 어린 새를 키우기 위해 잡아 오는 먹이의 95퍼센트는 지렁이예요. 거의 지렁이를 먹인다고 해도 좋을 정도이지요. 나머지 5퍼센트는 애벌레와 거미를 포함하여 번식지의 환경에 따라 다양한 곤충을 잡아 와요. 어른 새의 주요 먹이도 지렁이고요. 주식이 지렁이다 보니 둥지는 지렁이를 쉽게 구할 수 있는 습하고 음침한 숲에 자리를 잡아요. 팔색조의 몸 형태 또한 지렁이를 잘 잡도록 맞춰져 있어요. 땅을 헤쳐 지렁이를 잡아야 하니 다리가 길고, 꼬리깃은 땅에 끌리지 않을 만큼 짧아요. 화려한 몸 색에 비해 꼬리가 너무 짧아 조금 우스꽝스럽게 보이기도 해요. 부리 역시 땅을 뒤져 지렁이를 잡는 데 맞춤형이고요. 팔색조가 지렁이를 잡는 모습은 호랑지빠귀와 비슷해요. 땅바닥에서 통통 튀듯 이동하면서 낙엽을 헤쳐 지렁이를 잡은 다음 옆으로 던져 놓아요. 그렇게 금방 지렁이 예닐곱 마리를 땅 위로 던져 놓고는 한꺼번에 부리로 모아 잡지요.

번식 시기 또한 우리나라의 장마철과 겹쳐요. 주요 먹이가 지렁이인 것과 맞닿아 있는 것이지요. 이처럼 팔색조의 둥지는 낮에도 음침한 숲에 위치하는 데다 장마까지 겹치니 번식 일정에 동행하는 관찰자에게는 최악의 조건일 때가 많아요. 팔색조는 어린 새의 배설물을 먹지 않아요. 부리로 받아 멀리 가져가서 버려요. 부모 새는 먹이를 주고 잠시 기다려요. 먹이를 받아먹은 어린 새가 배설 의사가 있다면 몸을 돌려 엉덩이를 둥지 밖으로 향해 배설을 하고, 부모 새는 부리로 받아내는 것이지요. 다른 새와 방법은 같아요.

팔색조는 보통 새끼를 네 마리 키워요. 어린 새는 하루가 다르게 쑥쑥 크고요. 부화 16일째가 되면 둥지가 좁아 보일 정도로 덩치가 크지만 문제 될 것은 없어요. 가느다랗고 긴 나뭇가지를 엮어 돔 형태로 지은 팔색조 둥지는 구조적으로 완벽해서 마치 풍선이 부푸는 것처럼 부피만 늘어날 뿐 무너지는 일은 없거든요. 어린 새는 주로 부화 19일째에 둥지를 떠나요. 걸어서 둥지를 나오기도 하고, 입구에서 휙 날아 둥지를 떠나기도 하는데 몇 시간 차이는 있더라도 하루에 둥지를 다 떠나요. 부모 새가 어린 새를 골고루 잘 키운다는 뜻이지요.

둥지를 떠난 어린 새를 간섭하거나 추적하는 일은 없었어요. 하여 둥지를 떠나면 그것으로 만남은 끝이고요. 그런데 가끔 어린 새들이 큰 선물을 안겨 줄 때가 있어요. 관찰 움막 안에서 보이는 곳에 잠시

1	2
3	4
5	6
7	8

1 2 숲 바닥에서 지렁이를 잡는 팔색조
3 4 5 6 지렁이를 둥지로 가져가기 위해 둥지 높이의 나뭇가지에 앉은 팔색조
7 8 지렁이 이외의 먹이

1
2
3

1 먹이를 물고 온 어미 새를 발견하고 부리를 한껏 벌리며 먹이를 보채는 어린 팔색조
2 먹이를 주기 위해 둥지 앞으로 다가선 팔색조
3 먹이를 건네주고 배설물을 기다리는 어미 팔색조

4
5
6

4 5 6 받아낸 배설물을 물고 날아가는 팔색조

둥지를 나서는 어린 팔색조

머물러 주는 것이지요. 팔색조 어린 새도 그런 적이 있어요. 둥지를 떠난 어린 새들이 멀리 가지 않고 움막 앞에서 이리저리 통통 튀며 자주 오가는 거예요. 어린 새가 움막 근처에 있으니 부모 새도 움막 가까이 다가와 어린 새에게 먹이를 건네주며 돌봐줘요. 비좁은 둥지에서 벗어난 어린 새는 틈틈이 스트레칭을 하며 날개와 근육에 힘을 붙이고요. 그저 고마울 뿐이지요.

팔색조는 분명 우리나라 숲에서 여름을 지내지만 마주하기 쉬운 새는 아니에요. 탐조가들이 만나고 싶어 하는 여름철새 목록 첫 줄에 자리하지만 그 만남이 이루어질 가능성은 매우 낮아요. 개체 수 자체가 적기 때문이지요. 전 세계의 서식 개체를 최소 2,500개체에서 최대 1만 개

1 2 둥지를 나선 어린 팔색조 3 스트레칭하는 어린 팔색조

체로 추정하는데, 그나마 서식지 파괴로 급격하게 감소하고 있어 국제 자연보호연맹(IUCN: International Union for Conservation of Nature)의 '멸종 위기에 처한 동식물 보고서'인 「적색목록Red List」에 올라 있는 형편이에요.

우리나라의 경우 제주도 한라산 둘레의 남사면, 거제도 동부면 학동, 전라남도 진도 등의 섬에서 번식하는 희귀한 새로 1968년 천연기념물 제204호로 지정되었고, 2012년에는 멸종위기 야생동·식물 II급으로 지정하여 보호하고 있어요. 하지만 전라도 내륙, 충청도 내륙, 경기도, 심지어 강원도 지역에서도 번식 개체를 직접 확인한 적이 있으니, 서식 범위는 알려진 것보다 훨씬 더 확대되었다 여겨져요.

그렇더라도 팔색조를 만나기 어려운 이유에는 그들의 서식 환경도 한몫해요. 팔색조는 인적이 매우 드물거나 아예 끊어진 깊은 산 속 음습한 지역에서 살거든요. 구름 한 점 없이 하늘이 제대로 열린 한낮에도 컴컴한 숲이기 십상이지요. 따라서 깊은 산 속을 더듬듯이 뒤지다 '호이잇, 호이잇' 울림이 큰 팔색조 소리를 들었다 해도 모습 한번 보지 못하고, 그 소리를 들은 것만으로도 만족해야 할 때가 많아요. 게다가 팔색조는 까칠함을 대표할 만큼 경계심이 강한 새이고요.

해, 달, 별을 품은 새

팔색조가 사는 곳에서는 긴꼬리딱새가 살 가능성이 무척 높아요. 서식 환경이 비슷하다는 뜻이지요. 계곡 주변의 음습한 숲에서 살지만 팔색조보다 조금 더 계곡과 가까운 곳에서 산다는 차이가 있을 뿐이에요. 긴꼬리딱새는 이름에서 알 수 있듯이 꼬리가 엄청 길어요. 긴꼬리딱새 수컷의 꼬리는 암컷보다 4배 가까이 길지요. 이 길이는 암컷이 좋아하는 길이와 포식자의 눈에 잘 띄는 길이를 서로 절충한 것으로 생각하고 있어요. 긴 꼬리만큼 특별한 것이 또 있어요. 눈 테두리와 부리가 푸른빛이 도는 하늘색이라는 점이에요.

긴꼬리딱새를 예전에는 삼광조라고 불렀어요. 빛이 나는 해, 달, 별, 이 세 가지를 이름에 품은 새이니 이름만으로도 그 자태를 짐작할 수 있겠지요. '환상의 새'라 하여 '파라다이스(paradise)'라 부르기도 해요. 하지만 생김새는 생김새일 뿐, 성질은 사나워요. 세력권이 무척 강해 침입자가 나타나면 암수가 함께 까칠한 소리를 내며 모질게 쫓아내요. 주로 날아다니며 작은 곤충을 잡아먹어요. '플라이캐처(Flycatcher)'라는 영어 이름은 그래서 붙인 것이겠고요. 긴꼬리딱새는 멸종위기 야생동·식물 II급으로 지정하여 보호하고 있으며, 국제자연보호연맹의 「적색목록」에는 준위협종(NT: Near Threatened)으로 분류되어 있어요.

둥지는 계곡 주변 낙엽 활엽수의 가느다란 나뭇가지에 컵 모양으로 지어요. 가느다란 가지가 두 갈래 또는 세 갈래로 나누어지는 분기점에 짓는데, 둥지의 조형미가 뛰어나요. 계곡 곁에 대나무 숲이 있다면 대나무도 둥지를 짓기에 좋은 나무예요. 새끼는 3~5마리를 키우며, 알을 품는 기간은 약 2주, 둥지에서 새끼를 키우는 기간은 10일±2일로 무척 짧은 편이에요. 어떻게 이렇듯 빨리 어린 새를 키울까 싶은 새이기도 해요.

다시 팔색조와 긴꼬리딱새의 목욕 이야기로 돌아갈게요. 팔색조가

1	2
3	4
5	6

1 2 어린 새에게 줄 먹이를 잡은 긴꼬리딱새(왼쪽 암컷, 오른쪽 수컷)
3 알을 품고 있는 긴꼬리딱새 암컷
4 알을 품고 있는 암컷에게 먹이를 전해 주는 수컷
5 알을 품고 있는 긴꼬리딱새 수컷
6 둥지의 새끼를 돌보고 있는 긴꼬리딱새 수컷

계곡에서 목욕을 하는 팔색조

보이지 않는 빈 계곡만 바라본 지 어느덧 3일째예요. 주위에서 간간이 소리가 들리지만 수상한 위장막이 있는 계곡 쪽으로는 얼씬도 하지 않아요. 저녁 무렵이에요. 드디어 팔색조가 계곡을 향해 깡충깡충 뛰듯이 접근하고 있어요. 정말 요정이 불쑥 나타난 느낌이에요. 가슴이 두근두근……, 물로 들어오기 전까지는 셔터 누르는 것을 꾹 참고 있어요. 이런……, 그냥 가 버리네요. 그럴 만해요. 아직 위장막이 낯설기 짝이 없을 테니까요.

대를 이어갈 긴 애씀의 시간

4일째 새벽이에요. 가까이서 '호이잇, 호이잇' 소리가 크게 들려요. 그러자 다른 한쪽에서 똑같이 '호이잇, 호이잇' 소리로 화답하고요. 근처에 팔색조 한 쌍이 있다는 뜻이지요. 숨죽이고 얼어붙은 듯한 시간이 조금 흐르자 팔색조 한 쌍이 동시에 깡충깡충 뛰며 계곡으로 모습을 드러냈어요. 팔색조 한 쌍이 나란히 있는 모습이 무척 귀하지만 여전히 셔터는 누르지 않기로 하고요. 아……, 또 그냥 가 버리네요. 5일째는 세 번이나 계곡 가장자리에 모습을 보였지만 목욕은 그만두고 물도 마시지 않은 채 어둑어둑한 숲으로 사라져 버렸어요. 다음 날도 마찬가지고요.

7일째, 오랜만에 하늘이 제대로 열리며 햇살이 숲 바닥으로도 파고드는 느낌 좋은 날이에요. 오전 10시 즈음, 팔색조 하나가 모습을 드러내요. 오늘은 태도가 사뭇 달라요. 아예 목욕을 작정하고 접근하는 듯해요. 주변도 둘러보지 않고 통통 튀며 계곡으로 내려와 물에 놓인 돌

위에 잠시 앉더니 곧바로 물로 들어가 목욕을 합니다. '아, 정말 아름답다!'는 말밖에는 팔색조의 목욕 모습을 달리 표현할 길이 없어요.

긴꼬리딱새의 목욕 모습은 끝내 만나지 못했어요. 물이 바로 내려다보이는 나뭇가지까지는 여러 번 왔어요. 계곡으로 곧 내려앉을 것 같은 때도 많았고요. 하지만 결국 내려앉지 않았어요. 긴꼬리딱새는 나무에서 주로 생활해요. 나무에 앉아 있다 정지비행을 하듯 날아 작은 곤충을 잡고 다시 나무에 내려앉는 식이지요. 땅 위에 내려앉는 일이 거의 없어요. 그렇더라도 목욕은 하겠지요. 하여 해마다 도전할 겁니다. 만날 때까지요. 그 긴 꼬리를 지닌 새가 어떻게 목욕을 하는지 더 궁금해졌거든요.

번식이 끝난 숲은 정말 조용해요. 너무나 조용해서 낯설 정도예요. 생각해 보니 2월 말 즈음 '휫, 휘잇, 휘이잇, 휫휫휫휫' 소리로 잠자던 숲을 흔들어 깨웠던 동고비부터 시작해서 팔색조와 긴꼬리딱새의 노랫소리에 이르기까지 숲에서는 새들의 노랫소리가 끊이지 않았네요. 긴 시간이었어요. 부모 새들의 애씀까지 생각하면 정말 긴 시간이었어요.

하지만 새들은 이 긴 애씀의 시간을 앞으로도 계속 이어갈 거예요. 둥지를 떠난 어린 새들이 내년에는 어른 새가 되어서 지금의 부모 새들이 감당했던 애씀을 제대로 이어가겠지요. 나무도 그러할 것이고, 곤충도 그러할 것이며, 자연에 깃들인 모든 친구가 그러할 것이라 믿어요.

떠남과
또 다른 만남으로
이어지는
가을

가을은 여름철새가 우리나라를 떠나는 계절이에요. 또한 겨울철새가 찾아오기 시작하는 시기이기도 하고요. 한편에서는 떠나고, 한편에서는 오는 셈이지요. 봄에 겨울철새가 떠나고 여름철새가 오듯이요.

떠남과 또 다른 만남으로 이어지는 가을

떠나는 여름철새, 오는 겨울철새

잠자리 날개가 윤기를 잃은 지 오래되었어요. 이제는 윤기를 잃은 정도를 지나 여기저기 찢기고 뜯겨 나간 상처투성이예요. 날갯짓 자체가 차라리 고행으로 보여요. 어제 저녁, 해가 서산으로 막 숨어들고 하늘은 아프도록 붉게 물들 때 잠자리 하나가 갈대 끄트머리에 간신히 내려앉는 것을 보았어요. 해가 다시 떠오르고 새날이 밝았어도 잠자리는 그 자리에 그대로 있더니 결국 오전 내내 꿈쩍도 하지 않네요. 이웃 잠자리들의 형편도 다르지 않고요. 호된 여름을 지난 흔적들 너머로 가을이 엿보여요.

가을은 맞이함보다는 떠남 쪽으로 훨씬 더 기우는 계절이지요. 실제로 많은 것들이 우리 곁을 떠나기에 가을은 상실의 시간이기 쉽고요. 하지만 누구에게는 그 가을이 소망의 시간이 되기도 한답니다. 오는 친구들이 있기 때문이에요. 게다가 그 친구들은 무리를 지어서 오는 경우가 많아요. 가을, 그 선선한 바람을 타고 힘찬 날갯짓으로 겨울 철새들이 몰려오기 시작해요.

가을은 여름철새가 우리나라를 떠나는 계절이에요. 또한 겨울철새가 찾아오기 시작하는 시기이기도 하고요. 한편에서는 떠나고, 한편에서는 오는 셈이지요. 봄에 겨울철새가 떠나고 여름철새가 오듯이요.

뱁새와 황새

"뱁새가 황새를 쫓아가려면 가랑이가 찢어진다"는 속담이 있어요. 귀에 익을 거예요. 제 분수를 지키지 않고 힘에 겨운 일을 억지로 하면 도리어 해만 입는다는 뜻을 담고 있다는 것도 잘 알고 있을 테고요. 그러나 속담 속의 주인공인 뱁새와 황새를 알아차리는 이는 그리 많지 않아요. 뱁새는 참새보다도 작은 새예요. 이와는 대조적으로 황새는 몸길이 약 110센티미터, 부리 길이 30센티미터, 다리 길이 60센티미터, 날개폭은 무려 2미터가 조금 넘는 우리나라 텃새 중 가장 큰 새였어요. '새였다'는 과거형 표현의 이유는 알겠지요? 그래요, 텃새로서의 황새는 멸종했기 때문이에요.

40년 전만 해도 뱁새와 황새는 우리 땅에서 함께 살았어요. 뱁새는 덤불 사이를 조금씩 조심스럽게 이동했을 것이고, 황새는 그 긴 다리로 논 사이에서 성큼성큼 걸음을 내딛었을 거예요. 그러고 보면 뱁새와 황새의 속담은 논둑에 앉은 농부가 우리나라의 텃새로 일 년 내내 만날 수 있었던 극단의 두 새를 번갈아보며 지은 것일지도 모르겠어요. 안타깝게도 이제 황새는 가을이나 겨울 잠시가 아니라면 어떤

붉은머리오목눈이

농부의 눈에도 띄지 않는 존재가 되었지만 말이에요. 직접 보지 못했더라도 뱁새의 생김새에 대한 느낌 정도는 있을 거예요. '뱁새눈'이라는 표현도 한몫 거들었을 테지요. 뱁새눈은 작고 가늘게 째진 눈을 말해요. 그러니 뱁새의 눈도 그렇다고 생각하는 것은 당연하고요. 하지만 뱁새의 눈은 동그랗고 예쁘답니다. 뱁새뿐만 아니지요. 새 중에 동그랗지 않은 눈을 가진 친구는 없으니까요. 그러고 보면 뱁새눈이라는 말은 새가 워낙 작으니 눈도 그러할 것이라고, 확인도 하지 않고 지어낸 것이 아닌가 싶어요.

뱁새의 학술적 이름은 '붉은머리오목눈이'랍니다. 이름 그대로라면 머리가 붉고 눈이 오목하겠지요. 하지만 머리는 진한 갈색이고, 눈도 오목하다 할 수는 없으니 이 이름조차 "아, 그렇구나" 하게 되지는 않아요. 뱁새는 주로 갈대숲과 덤불에서 살아요. 번식기가 아닐 때는 수십 마리가 무리를 지어 생활하는데 허공을 높이 나는 일은 거의 없어요. 주로 갈대와 덤불 사이로 숨어들어 이동해요. 공간을 옮길 때에도 바닥에 붙듯이 이동하고요. 앙증맞고 엉덩이까지 실룩거리며 제대로 교태를 떠는 뱁새 수십 마리가 눈앞에 있더라도 사진으로 담는 것이 무척 어려운 이유예요. 하지만 몸이 작고 비행술도 떨어지는 새이니 맹금류를 비롯한 천적에게 자신을 보호하려면 다른 길이 없었겠지요.

뱁새는 뻐꾸기 종류가 자기 알을 맡기는 탁란(托卵)의 주요 대상이에요. 뱁새가 둥지를 잠시 비운 사이 뻐꾸기가 알을 낳으면 뱁새는 자기 알과 뻐꾸기 알을 함께 품어요. 뻐꾸기의 알은 뱁새의 알보다 먼저 부화를 하며, 어린 뻐꾸기는 둥지에 있는 뱁새의 알을 모두 밖으로 밀어내고 혼자 먹이를 받아먹으며 커요. 어린 뻐꾸기가 무럭무럭 자라 자기 몸집보다 서너 배는 더 커져도 부모 뱁새는 아무런 의심도 없이 쉬지 않고 먹이를 줘요. 머리가 조금 복잡해지는 장면이지요.

텃새 황새가 겨울철새가 된 안타까운 이야기

뱁새와 더불어 우리 논의 한 식구였던 황새는 끝내 멸종의 길로 들어서고 말았어요. 그리 오래전의 일이 아니에요. 우리 땅에서 천연기념물 199호 황새가 완전히 사라진 순간에 대한 기록이 다음과 같이 남아 있어요.

> 1971년 4월 4일 충청북도 한 마을의 창공을 순백색 몸에 검은 날개깃을 지닌 새 한 쌍이 유유히 날고 있었다. 그 순간, 정적을 깨는 밀렵꾼의

총성과 함께 한 마리가 땅에 떨어졌다. 홀로 남은 과부 황새는 해마다 무정란을 낳아 품으며 둥지를 지켜 주민들의 안타까움을 사던 중 1983년 농약에 중독돼 쓰러진 뒤 서울대공원으로 옮겨져 외로운 나날을 보내다 1994년 9월 23일 끝내 숨을 거뒀다.

우리나라의 텃새로 살아가던 황새의 마지막을 밀렵꾼과 동물원이 거둔 것이지요. 그 이전에 그 많던 황새의 숫자가 급격히 감소한 이유는 경지 정리로 둠벙과 자연형 수로가 사라진 것도 한몫했지만 농약의 대량 살포로 논에서 미꾸라지, 개구리 그리고 논우렁이 같은 황새의 먹이가 사라지거나 줄어들었기 때문이에요. 현재 우리나라에는 천수만, 순천만, 주남 저수지, 우포 늪 등에 극소수 개체의 황새가 겨울철새로 찾아와 줄 뿐이에요. 황새는 전 세계에 약 2,000개체 정도만 남아 있는 것으로 알려진 국제적 멸종위기종이에요.

이러한 상황에서 1996년에 황새복원센터에서 '황새가 살 수 없는 환경은 인간도 살 수 없다'는 표어를 내걸고 황새 복원사업을 시작한 것은 정말 고맙고 다행한 일이지요. 더군다나 2002년에는 세계에서 네 번째로 황새의 인공 번식에 성공했고, 이듬해에는 황새 어미가 새끼를 직접 기르는 자연 번식에도 성공하여 국내에서 황새 복원의 가능성을 연 것은 대단한 업적이라고 생각해요. 드디어 2016년에는 방사한 개체가 자연 상태에서 번식에 성공하는 경사까지 있었어요. 이처럼 황새복원센터는 황새의 복원과 방사에 성공했음에도 여전히 고민에 빠져 있다고 해요. 어처구니없게도, 방사를 할 곳이 마땅치 않다는 것

이에요. 아무리 어렵사리 황새의 복원에 성공했다 하더라도 마땅히 방사할 곳이 없다면 모든 것은 물거품이 되고 말지요. 이것이 우리 논의 현실이기도 해요.

2011년 11월 6일은 개인적으로 아주 특별한 날이었어요. 내가 사는 전라북도 남원의 한 들녘에서 황새 세 마리를 만난 날이기 때문이에요. 날마다 오전과 오후 그렇게 하루에 두 차례씩 둘러보는 곳이 있어요.

섬진강 상류 수계인 요천에 인접한 농지로 반경 3킬로미터 안에는 민가도 없고 오가는 사람이 거의 없는 한적한 곳이지요. 조류상에 관한 정보를 수집하기에 최적의 장소라 몇 년 동안 개별적으로 둘러보던 터였고요. 오전에는 분명 보이지 않았는데, 오후에 나의 눈을 의심할 세 마리의 새가 눈에 들어왔어요. 사진이나 영상으로 보며 가슴에만 간직하던 황새였어요!

혹시 놀라서 날아갈까 하여 첫날은 차에서 내리지도 못하고 완전히 어두워져 보이지 않을 때까지 눈으로만 만났고, 떠나면서 위장 텐트만 남겨두었어요. 하룻밤이 참으로 길었답니다. 다음 날이에요. 아직 어둠이 다 가시지 않은 새벽을 틈타 장비를 챙겨 위장 텐트로 스며들었어요.

시간이 흘러 날이 밝았을 때 다행히 황새 세 마리가 온전히 제 모습을 드러내 주었어요. 황새들은 그 긴 다리로 성큼성큼 걸음을 옮기며

1 논에서 먹이활동을 하는 황새 2 논에서 성큼성큼 걷는 황새 3 남쪽으로 멀리 날아가는 황새
4 홀로 남은 황새 5 하천에서 잠잘 터를 정한 황새

주로 물이 고여 있는 논을 돌아다니며 뭔가 계속해서 잡아먹고 있었지요. 너무 멀어서 제대로 가늠하기는 어려웠지만 미꾸라지를 잡는 것으로 보였어요.

그런데 주변에서 황새를 놀라게 할 일이 없었는데도 10시가 갓 지나자 세 마리 중 두 마리가 남쪽 산을 넘어 멀리 날아가 버리고 말았어요. 왜 하나는 둘을 따라 이동하지 않고 남았는지는 모르겠지만 혼자 남은 황새는 아무런 동요 없이 먹이활동을 이어갔고요. 그날 저녁 무렵, 혼자 남은 황새도 결국 날개를 펼치고 남쪽을 향해 날아갔어요.

허전한 발길을 돌리다가 혹시나 하는 마음에 하천을 둘러보았어요. 하천 가운데쯤 발목이 물에 잠기는 곳에서 잠잘 터를 잡은 황새를 다시 만난 것은 황새의 마지막 선물이었지요. 다음 날, 남은 한 마리 황새마저 떠나고 다시는 만날 수 없었고요.

남쪽으로 황새가 이동할 가능성이 높은 곳은 순천만, 보성만 줄기, 또는 섬진강 하류인 하동 쪽이에요. 일주일에 걸쳐 세 곳을 나름 샅샅이 뒤졌지만 황새를 다시 만날 수가 없었어요.

황새가 이틀에 걸쳐 거닐었던 빈 논을 혼자 한동안 거닐었어요. 뱁새 혼자 외로워요. 지금의 뱁새는 황새를 만날 일이 거의 없어 가랑이가 찢어질 일이 없겠지만, 어쩌면 가랑이가 찢어지는 일이 있더라도 뱁새는 황새가 돌아올 날을 기다리고 있을지 모르겠어요. 황새가 살지 못하는 땅에서는 결국 뱁새도 살 수 없을 테니까요.

훌치기낚시의 원조 물수리

'가을', 새의 시계로 따지면 물수리의 계절이에요. 우리나라를 찾아오는 물수리는 대부분 시베리아에서 번식한 개체로, 10월 초순에 와서 11월 중순 즈음에 떠나요. 더러 겨울을 나는 개체가 있어 나그네새 또는 겨울철새로 분류해요. 그런데 2016년에 제주도에서 첫 번째 번식 사례가 관찰되었어요. 다섯 달에 걸쳐 어린 새 두 마리를 성공적으로 키워낸 것이에요. 이제는 텃새로 분류를 해야 하는지, 이동성에 따른 분류에 어려움이 생겼지만 그렇더라도 가을은 물수리의 계절이라 불러도 좋겠어요.

단풍이 막 들기 시작하는 10월 초순이면 우리나라 전역의 연안, 하천 그리고 간척 호수 등지에서 숭어, 잉어, 붕어를 사냥하는 물수리의 모습이 눈에 띄기 시작해요. 하지만 물수리가 가장 많이 모여드는 지역은 대체로 하천과 바다가 맞닿는 수심 50센티미터 내외의 기수역이에요.

수심이 얕아야 물고기의 사냥에 유리할 뿐만 아니라 물수리가 좋아하는 팔뚝 크기의 커다란 숭어들이 있기 때문이에요. 가을은 바다와 민물을 오르내리는 회유성 어종인 숭어가 산란을 앞두고 가장 기름지고 살진 계절이고요.

일반적으로 맹금류는 곤충, 조류, 포유류 그리고 그들의 사체까지 다양한 먹이를 취해요. 그런데 물수리는 오로지 물고기만 사냥해요. 물고기를 잡는 매라 하여 한자 이름은 어응(魚鷹)이며, 언제나 '물고기 킬러'라는 별명이 따라붙지요.

실제로 물고기를 사냥하는 새들은 많아요. 그러나 대부분의 새들이 부리로 사냥을 하는 반면, 물수리는 크고 날카로운 발톱으로 사냥을 하기 때문에 훨씬 더 큰 물고기를 잡을 수 있어요.

검독수리, 참수리, 흰꼬리수리 등도 발톱을 이용해서 사냥해요. 하지만 그들이 물 위에 떠 있는 물고기만을 사냥하는 것과 달리 물수리는 수심 1미터까지 입수도 가능해요. 수컷은 약 54센티미터, 암컷은 약 64센티미터로 크지도 작지도 않은 물수리는 현재 국제적 보호조류이며, 우리나라에서는 멸종위기 야생동·식물 II급으로 지정하여 보호하고 있어요.

1 2 물수리가 물고기를 낚아채는 사냥 모습

어떤 수역이든 물수리는 아침 해가 떠오를 무렵부터 먹이 사냥을 시작하여 해가 지기 직전에 활동을 멈춰요. 머무는 시기가 가을이라 아침 6시 반에서 저녁 6시 반까지 열두 시간이 먹이활동 시간인 셈이에요. 정확히는 물고기가 보이기 시작하는 시간에서 더 이상 보이지 않는 시간이라 할 수 있겠네요.

물수리의 출현을 누구보다 먼저 인식하는 것은 물수리를 두려워하는 작은 새들이에요. 평화롭게 휴식을 취하던 오리 종류나 갈매기 종류가 느닷없이 날아오른다면 그것은 이미 물수리가 떴다는 뜻이지요.

물수리는 부드러운 날갯짓으로 상공을 맴돌면서 먹잇감을 탐색해요. 때로 정지비행을 하며 탐색할 때도 있어요. 눈동자와 목 전체를 이리저리 돌리면서요. 200미터가 넘는 상공에서조차 물색과 거의 비슷한 물고기를 정확히 감별하는 것을 보면 물수리의 시력은 상상을 초월하는 수준임이 틀림없어요.

일단 먹잇감을 포착하면 바로 날개를 접고 목표물을 향해 쏜살같이 돌진해요. 그야말로 '내리꽂는'다는 표현이 딱 어울리는 순간이지요. 내리꽂는 순간의 속도는 무려 시속 140킬로미터에 이르는 것으로 알려져 있어요.

이때, 물수리는 항상 바람을 가슴에 안으면서 먹잇감으로 접근해요. 바람을 등지면 바람에 밀려 목표물을 정확히 타격하여 낚아챌 수 없기 때문이지요.

그렇다고 내리꽂음이 언제나 입수로 이어지는 것은 아니에요. 매섭게 내리꽂다가도 먹잇감의 상황이 바뀌면 잠시의 머뭇거림도 없이 날개를 다시 펴고 방향을 바꿔 아주 부드럽게 상공으로 떠올라요. 헛된 입수는 철저히 자제해요.

내리꽂음이 입수까지 이어진다면 수면에 닿기 직전에 취하는 동작이 있어요. 먹잇감을 낚아채기 직전의 동작이지요. 날개를 다시 쫙 폄과 동시에 발톱을 최대한 날카롭게 펼친 채로 발을 뒤로 한껏 뺐다가 다시 앞으로 쭉 뻗어 먹잇감을 훌치며 움켜쥐어요. 더군다나 발톱 밑에는 날카로운 가시들까지 있어서 한번 움켜쥐면 물수리의 의지가 아니고서는 그 먹잇감이 다시 물로 돌아갈 길은 없어요. 이를 흉내 낸 것이 숭어를 잡는 훌치기낚시가 아닌가 싶고요.

먹잇감을 훔치며 움켜쥐기 때문에 숭어 무리를 공격할 때는 한 발에 하나씩, 두 마리를 잡기도 해요. 그런데 이때 놀라운 점이 있어요. 둘 중 하나는 놔줘요. 물론 놔주는 쪽은 둘 중 작은 쪽이고요. 큰 것 한 마리만 챙기는 것이지요. 더군다나 놓아주는 하나는 반드시 물에 놔줘요. 땅에 떨어뜨리고 가는 것을 본 적이 없어요.

저들은 철저히 자원을 관리할 줄도 알아요. 다만 한 발에 두 마리를 잡았을 때는 놔주지 않아요. 애써 잡은 먹이를 모두 놔줄 수는 없기 때문이겠지요.

더 놀라운 일도 있어요. 한 발에 두 마리, 다른 발에 한 마리를 잡았다 하더라도 두 마리가 한 마리의 무게만 못하면 두 마리를 놔줘요. 다만, 어린 물수리는 사냥술이 서툰 데다 큰 물고기를 잡지도 못해 놓아주는 미덕까지 베풀지는 않아요.

어린 물수리의 먹이 사냥 간격은 평균 두 시간 정도이며, 완전히 성숙한 물수리들은 큰 물고기를 노려 공격하기 때문에 3~4시간의 간격으로 먹이 사냥에 나서요. 물론 어린 새이든 어른 새이든 사냥한 먹이의 크기에 따라 사냥 간격이 달라져요.

한 유역에 서너 마리의 물수리가 함께 생활할 때가 있어요. 가족은 대체로 먹이활동을 할 때 함께 나타나요. 가족이 네 마리라면 네 마리가 갑자기, 그것도 동시에 상공에 나타나는 식이에요. 하지만 각 개체마다 먹이활동 영역이 정해져 있다는 것을 알 수 있어요. 부모 새는 먹잇감이 가장 풍부한 곳으로 어린 새의 사냥터로 배정해 줘요. 쉽게 먹이를 구하면서 사냥술도 익히게 배려하는 것이지요.

먹이를 먹는 장소는 한적한 곳이에요. 간섭이 거의 없다면 먹이를 잡은 곳에서 그리 멀리 가지 않고 편하게 뜯어먹어요. 하지만 간섭이 있으면 수 킬로미터까지 먼 산속으로 이동해요. 주위에 산이 없다면 한참 떨어진 전봇대 꼭대기로 올라가고요. 간섭은 까치, 까마귀, 갈매기 그리고 안타깝게도 나를 포함한 인간이에요.

물수리의 사냥 성공 확률은 30퍼센트 정도로 알려져 있지만 사냥터의 형편에 따라 천차만별이라고 할 수 있어요. 형산강처럼 하천이 바다로 유입하기 직전에 보가 있어 숭어 떼가 보에 가로막혀 그야말로 물보다 숭어가 더 많은 곳이라면 사냥 성공 확률은 100퍼센트에 가까워요.

어른 새이든 어린 새이든 먹이 사냥을 할 때 공통점이 있어요. 몰입이에요. 일단 목표가 정해지면 오직 그것만 보는 거예요. 한눈파는 일, 절대 없어요.

11월에 들어서면서 기온이 뚝 떨어지면 물수리는 더 멀리 남쪽으로 이동해요. 시베리아에서 시작된 긴 여정 내내 이어지는 끝없는 도전으로 물수리는 더 강한 물고기 킬러로 성장하겠지요.

1 해가 떠오르자 먹이 사냥에 나선 물수리
2 큼지막한 물고기를 잡은 물수리
3 한 번에 두 마리 물고기를 잡은 물수리

추위와
배고픔을
견뎌야 하는

겨울

언제라도 겨울철새 리더는 일어날 수 있는 모든 상황에 대하여 미리 준비해요. 그러한 준비가 없다면 무리가 혼란에 빠질 뿐만 아니라 희생마저 그 대가로 치러야 한다는 것을 잘 알고 있기 때문이지요.

추위와 배고픔을 견뎌야 하는 겨울

겨울철새가 오는 이유

겨울은 말 그대로 겨울철새의 계절이에요. 늦가을부터 우리나라를 찾아오기 시작한 겨울철새가 온전히 자리 잡는 계절이지요. 겨울철새 중에는 매력적인 종들이 많아요. 전국의 습지를 찾아오는 오리와 기러기 무리는 물론이고 두루미 · 재두루미 · 흑두루미를 비롯한 두루미 종류, 매과와 수리과를 일컫는 맹금류, 그리고 다양한 산새 무리들도 찾아와 잠시 가을의 상실감에 젖어 무거워진 마음을 바로잡아 줘요.

새는 이동성에 따라 텃새와 철새로 구분해요. 텃새는 계절에 관계없이 한 지역에 내내 머물면서 번식을 하고 겨울도 지내는 새, 철새는 계절에 따라 번식지와 월동지를 정기적으로 오가며 생활하는 새를 말해요. 철새는 찾아오는 시기와 머무는 기간에 따라 다시 여름철새, 겨울철새, 나그네새, 길잃은새로 구분하고요.

여름철새는 봄에 와서 번식을 한 후 가을에 떠나는 새로, 겨울을 지

낼 월동지는 우리나라보다 위도상 남쪽에 위치한 따뜻한 지역이에요. 겨울철새는 가을에 와서 겨울을 지낸 뒤 이듬해 봄에 번식지로 이동하는 새로, 번식지의 위도는 우리나라보다 북쪽의 추운 지역이고요. 나그네새는 우리나라 이외의 번식지와 월동지를 오가다가 봄과 가을에 잠시 들르는 새로, 통과철새라고도 불러요. 미조(迷鳥)로도 불리는 길잃은새는 이동 경로상 우리나라에 규칙적으로 오지는 않지만 태풍 등의 이유로 길을 잃거나 경로를 이탈해 우연히 찾아든 새를 말하고요.

철새들은 계절을 따라서 수천에서 수만 킬로미터까지 이동해요. 그 이유는 오직 하나, 보다 나은 환경을 찾기 위해서지요. 여름철새는 번식 일정을 치르기에 더 유리하여 찾아오고, 겨울철새는 겨울을 나기에 더 유리하여 찾아와요.

특히 겨울철새의 경우 먼 거리의 이동은 때로 그들의 생명까지 대가로 치러야 할 만큼의 희생이 따르는 여정이라고 할 수 있어요. 하지만 이동에 따른 모든 위험보다 더 위험한 것은 이동하지 않는 거예요. 겨울철새들이 그들의 번식지에서 겪는 맹추위와 굶주림은 그만큼 절박한 상황이라는 뜻이지요.

우리나라를 찾아오는 겨울철새들이 평소 머무는 번식지는 중국 북부, 몽골, 러시아를 비롯한 북극권이에요. 우리나라에서 가을의 기운이 감돌기 시작할 무렵이면 그곳은 이미 가혹한 겨울이지요. 섭씨 영하 30~40도의 모진 추위가 5개월 이상 지속되어 습지는 물론이고 땅조차 완전히 얼어붙어요. 게다가 항상 눈이 덮여 있어 먹이활동이 현실적으로 불가능한 형편이고요.

우리나라의 겨울은 어떤가요? 추위라는 것도 상대적인 속성이 강하지만 우리나라의 겨울도 만만찮게 추운 것이 사실이에요. 습지와 땅이 얼어붙기도 하니까요. 그러나 항상 얼어붙어 있지 않고 얼었다 풀리는 과정을 반복해요. 눈도 오지만 오래 쌓여 있지 않고 따뜻한 오후 햇살에 스르르 녹아내리는 경우가 대부분이고요. 결국 겨울철새에게는 우리나라가 저들의 번식지인 동토의 땅과 비교할 때 더 나은 환경이기 때문에 찾아오는 것이지요.

겨울철새가 좀 더 살 만한 환경을 찾아 이동한다는 사실은 저들이 우리나라 안에서 이동하는 모습을 보더라도 쉽게 짐작할 수 있어요. 강추위가 며칠 이어지면 중부 지역에 머물던 철새들이 조금이라도 따뜻한 남쪽으로 이동하는 것을 관찰할 수 있거든요. 다시 추위가 누그러지면 그 정도에 따라 충청 지역, 경기 지역을 지나 강원 지역까지 북상해요. 추위의 강도에 따라 이러한 이동을 반복하고요.

편대비행은 장거리 이동의 완벽한 배열

우리나라를 찾아오는 겨울철새는 대부분 무리를 이뤄요. 무리의 규모는 종에 따라 수십에서 심지어 수만 개체에 이르기도 하지요. 그런데 그들이 번식지에서도 이처럼 무리를 이루는 것은 아니에요. 번식지에서는 각자의 영역을 여유 있게 확보하고 치열한 경쟁과 다툼을 통해 자신의 영역을 지키면서 생활해요.

그러다가 우리나라로 장거리를 이동하기 직전에 무리를 이루는 경우가 많아요. 이동은 기본적으로 편대비행의 방법을 취해요. 편대비행은 저들이 시행착오를 수도 없이 치르며 마침내 찾아낸 최선의 선택이라고 볼 수 있어요. 더 나은 선택이 있을 것 같지 않으니까 말이에요.

편대비행은 항공기 두 대 이상이 일정한 거리와 간격을 유지하기 위해 취하는 비행 방법을 뜻해요. 항공기 여러 대가 움직일 때 충돌의 예방이나 항법상의 부담을 줄이고, 전투기의 경우 공격 및 방어력을 높이는 목적으로 흔히 사용하는 비행 방법이지요.

그런데 지구에 출현한 순서로 보면 인간보다 새가 훨씬 앞서요. 게다가 새는 효율적으로 비행하는 길을 찾는 일에 진화의 모든 힘을 쏟은 생명체라고 볼 수 있어요. 따라서 편대비행술은 인간이 개발한 것이 아니라 새들의 비행과 이동 모습을 보며 인간이 따라하는 것이라 할 수 있겠어요.

겨울철새들이 취하는 편대비행에는 몇 가지 장점이 있어요. 가장 큰 장점은 최소의 에너지로 목적지까지 이동할 수 있다는 점이에요. 또한 구성원 사이의 의사소통과 통제가 수월하며 천적의 공격에 대비하여 효율적으로 대처할 수 있다는 장점도 있고요.

편대비행의 형태는 기본적으로 안행형(雁行形)이라 불리는 V자 모양이지만 큰 무리인 경우 W자 모양의 대열도 갖춰요. 안행형이라는 이름에서도 알 수 있듯이('雁'은 기러기를 뜻해요) 편대비행을 가장 효율적으로 사용하는 새는 큰기러기와 쇠기러기를 포함한 기러기 종류이지만 두루미 · 재두루미 · 흑두루미를 비롯한 두루미 종류와 고니 종류도 편대비행을 잘 활용해요.

기러기 종류가 일직선으로 날거나 특별한 대형 없이 개별적으로 비행할 때보다 V자 대형을 유지하면 에너지 소모가 30퍼센트 정도 줄어 결과적으로 그만큼의 거리를 더 날 수 있는 것으로 알려져 있어요.

V자 편대에서 앞선 새의 날갯짓이 상승기류를 만들어 뒤를 따르는 기러기는 상승기류가 제공하는 양력에 힘입어 적은 에너지로 더 멀리 비행을 할 수 있지요. 그런데 문제는 누가 그 힘들고 위험한 선두의 자리에 서느냐 하는 것이에요. 선두에 선 개체는 거친 바람을 처음으로 가르며 전진 저항에 고스란히 맞서 비행해야 하고, 최적의 항로와 고도를 탐색하기 위해 온 신경을 곤두세워야 하므로 에너지 소모가 가장 많을 수밖에 없어요. 그리고 천적의 주요 공격 대상이 되기도 하고요.

이와 관련해 예전에는 무리 중 가장 힘이 센 개체가 선두를 지키면서 무리를 목적지까지 통솔하는 것으로 알려졌어요. 그런데 최근의 연구에서, 통솔하는 개체는 하나가 아니라는 사실이 밝혀졌어요. 무리의 규모에 따라 몇 개체가 번갈아가면서 선두 자리의 부담과 고통을 분담한다는 것이죠. 선두에 있다가 지친 개체는 대열로 들어가 숨을 고르고, 그 사이 다른 개체가 선두 자리를 대신해 준다는 뜻이에요.

또한 편대의 내부 배열도 짜임새와 배려가 있어 놀라워요. 선두 기러기는 V자의 꼭짓점에 위치하고 그 뒤로 젊고 힘센 개체, 늙고 힘이 없는 개체, 어린 개체, 그리고 대열의 마지막에는 다시 힘이 세고 경험이 풍부한 개체들의 순서로 자리를 잡는 것이지요. 앞에서 끌고 뒤에서 밀어주는 완벽한 배열인 셈이에요.

1 2 3 재두루미의 편대비행

1
2
흑두루미의 편대비행

단결심 역시 탄탄하여 흠잡을 구석이 없어요. 며칠 동안 쉬지 않고 비행할 때가 많아 대열에서 흐트러짐이 생길 수 있지요. 한두 개체만 대열에서 이탈하더라도 그만큼 틈이 생겨 공기의 저항력이 커지는데, 이러한 상황이 발생하면 뒤쪽에 있던 개체들이 재빨리 빈자리를 채워 다시 편대를 유지해요.

가장 심각한 상황은 이동 중 탈진하거나 병이 들어 대열에서 낙오하는 개체가 생기는 것이에요. 이동 중 낙오하여 고립된 개체가 생명을 부지하기란 불가능에 가깝지요. 그런데 천적은 하늘에도 있고 땅에도 있어요. 맹금류는 저들의 이동 경로를 추격하거나 이동 경로 곳곳을 지키며 낙오한 개체를 기다려요. 땅의 맹수들도 마찬가지고요. 낙오한 개체가 하늘과 땅에 도사리고 있는 천적의 눈을 피해 온전히 먹이활동까지 이어갈 가능성은 극히 낮아요. 하지만 그 또한 큰 문제가 되지 않지요.

대열에 더 이상 동행할 수 없는 개체가 발생하면 그 개체가 속한 가족 또는 동료들이 무리에서 함께 이탈하여 땅으로 내려와 체력을 회복하게 한 뒤 다음 대열에 합류하니까요. 이처럼 편대 대열에서 영구적 이탈이 생기면 경험 많은 개체들이 그 빈자리를 채워 대열을 다시 정비하는 일이 어김없이 이루어지고요. 그렇다고 해서 배려만 있는 것은 아니에요. 적절한 통제도 함께 이루어져요.

어떻게 구별하는지 알 수 없지만 더러 꾀를 내어 대열에서 이탈하는 개체가 있으면 바로 부리로 쪼아 대열에 합류시키기도 해요. 어찌

되었든 아무리 V자 대형을 이루며 리더의 통솔에 따라 최소의 에너지로 이동한다 하더라도 수천 킬로미터에 이르는 이동이 구성원 모두에게 힘겨운 여정인 것만은 틀림없지요. 선두는 선두대로, 중간은 중간대로, 후미는 후미대로 사투를 벌이는 것이니까요.

이때, 저들만의 특별한 활력소가 있어요. 소리랍니다. 이동 중의 개체들은 소리를 통해 서로를 격려해요. 대열에서 소리를 내는 것은 주로 뒤쪽에 위치한 경험이 많은 개체들이 담당해요. 소리는 선두에 있는 리더에게 힘을 북돋아 주는 의미가 있으며, 여정의 처음부터 끝까지 일정한 속도로 비행하는 데 필요한 구령의 역할도 해요.

나아가 이 격려의 소리는 자신뿐만이 아니라 다른 개체들과 더불어 공유하는 믿음과 희망의 신호로 작동하고요. 이처럼 겨울철새 무리의 이동에서 가장 돋보이는 점은 리더의 통솔력에서 비롯되는 조직력과 질서, 그리고 다른 구성원에 대한 배려라고 할 수 있어요. 저들은 부러우리만치 철저히 민주적이랍니다.

겨울철새가 무리를 짓는 이유

길고도 모진 여정을 잘 치러낸 겨울철새들은 우리나라에 와서도 여전히 무리를 이뤄요. 그 또한 이점이 있기 때문이지요. 추위로 활동이 둔화된 새들은 기온이 낮은 오전에는 주로 잔뜩 웅크린 채 숨어 있다가 기온이 올라가는 오후에 움직이기 시작해요. 그러잖아도 먹이를 구하기 쉽지 않은 계절에 낮의 길이까지 짧으니 어려움은 더욱 클 수밖에 없어요.

1 2 1 2 무리를 이뤄 생활하는 재두루미

무리를 이뤄 생활하는 두루미와 재두루미

무리를 이루면 천적에 대한 정보를 얻기 쉽고, 천적에 대한 경계의 역할도 분담할 수 있어요. 이에 따라 경계 시간을 줄이고 먹이를 찾는 데 더 많은 시간을 투자할 수 있고요. 하지만 새들이 무리를 지어 생활하려면 두 가지 조건이 충족되어야 해요. 먹이가 있어야 하고 안전하게 쉴 곳이 있어야 하지요.

이 두 가지 조건을 충족하는 장소가 바로 우리나라의 겨울철새 도래지예요. 한강 하구, 금강 하구, 낙동강 하구, 천수만, 순천만, 철원 평야, 창원의 주남 저수지, 해남 고천암 일대 등이 우리나라를 대표하는 철새 도래지이고요. 우리나라 전체 면적에 비교할 때 철새 도래지의 면적은 지극히 작은 공간일 뿐이에요.

이처럼 장소는 한정되어 있는데 철새의 숫자는 많기 때문에 철새 도래지마다 새들이 밀집하는 현상이 벌어지고, 실제로 발 디딜 틈마저 없어 보이는 경우가 많아요. 숫자가 많을 뿐만 아니라 종류도 다양하고요.

통솔력, 신뢰, 배려가 바탕인 겨울철새의 삶

다양한 종류의 수많은 새들이 어떻게 그 좁은 지역에서 겨울을 지내는 것일까요? 놀랍게도 새들은 종마다 먹이를 달리함으로써 이 문제를 해결해요. 넓적부리 · 알락오리 · 청머리오리 등은 수면에서 먹이를 찾고, 흰죽지와 흰비오리 등은 잠수를 해서 물속에 있는 조개나 물

◀ 무리를 이뤄 생활하는 두루미

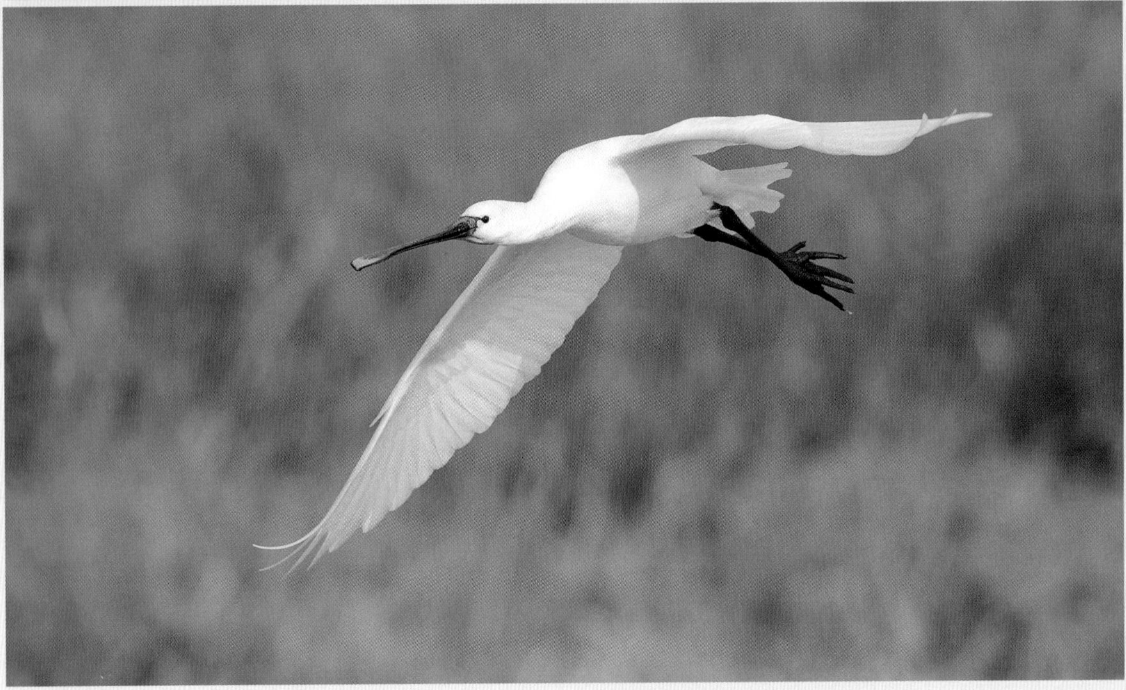

1
2

1 2 주걱처럼 생긴 부리를 휘저으며 강바닥이나 갯벌에서 먹이를 구하는 노랑부리저어새

물풀의 뿌리를 주로 먹는 큰고니

고기 등을 잡아먹어요.

개리는 갯벌이나 물 가장자리의 연한 땅을 파서 풀뿌리나 월동 중인 저서생물을 찾고, 노랑부리저어새는 주걱처럼 생긴 긴 부리를 물에 반쯤 집어넣고 좌우로 휙휙 저으며 새우와 물고기를 잡아먹지요. 도래지 주변의 논에 떨어진 낟알은 가창오리, 청둥오리, 고방오리 등이 차지해요. 쇠기러기는 논에서 자라는 풀이 주요 먹이이고, 큰고니와 고니 그리고 큰기러기는 수초 뿌리를 주로 먹어요. 두루미 종류는 형편에 따라 논과 습지를 오가며 먹이활동을 하고요.

이렇듯 겨울철새들은 한 지역에 밀집하여 살면서도 각자 독특하게 진화한 생활방식으로 되도록 먹이를 달리하면서 불필요한 경쟁을 피하면서 살아가요. 더불어 사는 삶의 지혜라고 볼 수 있겠지요.

겨울철새가 보이는 민주적 행동은 장거리 이동과 먹이에 대한 차별적 진화뿐만 아니라 무리를 지어 춤을 추는 군무(群舞)에서도 아주 뚜렷하게 나타나요. 군무를 펼치는 겨울철새는 몇 종이 있지만, 뭐니 뭐니 해도 가창오리의 군무가 대표라 할 수 있어요. 수만 마리, 때로 수십만 마리가 군무를 펼치니 규모면에서 따를 새가 없지요.

가창오리는 수컷의 경우 머리에 노란색과 초록색이 조합된 태극무늬가 있어 예전에는 태극오리라고 부르기도 했어요. 가창오리의 영어 이름인 바이칼 틸(Baikal Teal)에서 알 수 있듯이 주요 번식지는 바이칼 호수를 중심으로 하는 시베리아 평원지대예요.

하지만 바이칼 호수에서 가창오리를 만나기는 쉽지 않아요. 호수의 규모가 길이 635킬로미터, 폭 48킬로미터로 엄청난 데다 연안에는 주로 늪이 형성되어 있어서 접근이 어렵고, 번식지에서는 가창오리가 흩어져 생활하기 때문이지요. 대표적인 월동지는 고맙게도 우리나라예요. 전 세계에 생존하는 가창오리 가운데 무려 95퍼센트가 우리나라로 찾아와 겨울을 보내요. 그리고 우리나라에 와서는 무리를 지어 생활하면서 군무를 펼치고요.

가창오리는 하루에 두 번 군무를 펼쳐요. 우리의 눈에는 춤을 추는 것으로 보이기에 군무라고 하지만 사실 군무의 속내는 이동이에요. 대부분의 오리 종류처럼 가창오리 역시 낮에는 물 위에서 휴식을 취해요. 물은 땅의 천적으로부터 보호를 받을 수 있는 공간이니까요.

그러다 어둠이 내리기 직전 주변의 농경지로 이동하여 밤새도록 낟알을 주워 먹으며 먹이활동을 해요. 가창오리는 야행성 조류이거든요. 그리고 해가 뜰 무렵이면 다시 휴식을 위해 물로 이동하고요. 따라서 갑자기 날아올라야 할 만큼의 간섭이 벌어지지 않는다면 해 뜰 무렵과 해 질 무렵, 이렇게 하루에 두 번 군무를 펼치는 것이지요.

특히 시각적으로 아름다운 군무는 노을이 지는 하늘을 배경으로 펼치는 해 질 무렵의 군무라 할 수 있어요. 물에서 수만 또는 수십만 마리의 가창오리가 하얀 포말을 일으키며 힘차게 떠오르는 모습을 본다면 그 장관에 한동안 입을 다물지 못할 거예요.

여기서 끝이 아니에요. 대숲을 훑고 지나는 거친 바람소리를 내며 떠오른 가창오리 무리는 수만, 수십만의 개체가 마치 하나의 거대한 유기체처럼 시시각각 움직이며 다양한 형상을 하늘에 수놓아요. 세상에서 가장 큰 붓을 들고 하늘에 거침없이 그림을 그리는 듯하고, 하늘 위에서 검은 구슬이 끝도 없이 자루를 빠져나와 이리저리 데굴데굴 굴러가며 온갖 형상을 연출하니 그저 신기할 뿐이지요.

말로 다 표현할 수 없는 장관도 그렇지만 더 놀라운 것은 저들이 보이는 질서예요. 수만 또는 수십만 개체가 시속 120킬로미터의 초고속으로 날아가면서 시시각각 방향을 바꾸더라도 누구 하나 충돌하는 일이 없어요. 인간 세상에서는 감히 상상도 할 수 없는 풍경이지요. 무엇이 이를 가능하게 할까요? 중요한 사실은 수많은 가창오리 중 어느 하나가 반드시 앞장서 길을 안내한다는 거예요. 리더가 존재한다는 뜻이지요.

물을 떠날 때도 동시에 물을 차오르는 것이 아니라 하나가 먼저 물을 차고 떠나면 꼬리를 잇듯이 뒤따르는 식이에요. 군무도 다르지 않아요. 리더가 앞서면 다른 개체들은 이웃한 개체와 약 30센티미터의 거리를 항상 유지하며 그 리더를 따라요. 질서는 리더의 통솔력, 리더에 대한 신뢰, 그리고 구성원 사이의 배려에 기초한다는 것을 저들은 이미 제대로 알고 있는 셈이지요.

철새 리더의 길

철새 무리는 수십에서 수십만에 이르기도 하지만 행동의 단위는 가족일 때가 많아요. 여러 가족이 모이고 또 모여 대규모 무리를 형성하는 철새들은 가족의 생활에서부터 질서 의식과 배려 의식이 각인되기 시작해요. 두루미 종류의 경우 한 가족은 부모 새 둘과 어린 새 둘로 모두 넷이며, 큰고니는 부모 새 둘과 어린 새 여섯을 합하여 여덟일 때가 많아요.

가족의 생활에서 리더의 역할은 아빠 새가 담당해요. 아빠 새는 항상 가족의 맨 앞에 서며, 나머지는 무조건 따라요. 그러나 이러한 권한이 주어졌다 해서 아빠 새가 제멋대로 또는 단독으로 이동을 결정하지는 않아요. 가족의 의견이 하나로 모아질 때 비로소 이동하며, 가족의 구성원은 소리를 내거나 고개를 끄덕여 동의를 표시해요. 물론 구성원이 동의하지 않거나 동의를 하더라도 그 수가 대부분이 아니라면 아빠 새는 미련 없이 마음을 접고 다음 기회를 물색하고요.

두루미 종류와 고니 종류는 몸집이 크기 때문에 한번 헛되이 비행하면 몇 시간의 먹이활동에서 얻은 에너지를 고스란히 허비하는 결과를 낳아요. 더군다나 겨울은 먹이가 턱없이 부족한 형편이니 이동은 신중에 또 신중을 기해야 하는 것이고요. 이동이 결정되면 어디로 향할지는 전적으로 아빠 새의 몫이에요. 아빠 새는 더 안전한 곳으로, 더 좋은 먹이터로 가족을 안내해요.

이때 아빠 새는 바람의 방향을 잘 살펴 순풍을 타요. 순풍을 타면 뒤따르는 가족이 숨 가쁜 날갯짓의 수고를 하지 않고도 목적지에 이를 수 있으니까요. 그러나 때로는 아빠 새가 맞바람 속으로 가족을 이끌 때가 있어요. 날갯짓이 버겁기는 하지만 그렇다 해도 가족은 앞선 아빠 새를 불평 없이 따라요. 그럴 만한 이유가 있으리라는 믿음 때문이며, 아빠 새가 그 믿음을 깬 적이 없기 때문이기도 하지요. 가족이 모여 수십, 수백, 수천, 수만 마리의 새들이 철을 따라 수천에서 수만 킬로미터를 이동할 때 이러한 믿음의 행진은 더욱 빛을 발합니다.

맨 앞에 서기에 맨 먼저 내려앉는 것 또한 리더일 수밖에 없어요. 위험이 도사리고 있을지도 모르는 곳에 처음으로 발을 딛는 것은 리더이며, 다른 누구에게 그 소임을 떠넘기지 않아요. 그리고 이동한 곳이 먹이터인 경우 먼저 내려앉았다 하여 먼저 먹는 법이 없어요. 가족이 편안하게 주린 배를 채울 수 있게 자신은 먹지 않고 주위를 살피는 일에 주력해요. 그러다 위험 요소가 전혀 없이 완벽하다 싶으면 고개를 숙여 먹이활동을 하는데, 그것마저 바로 고개를 들어 다시 주위를 살필 때가 많아요.

이러한 리더의 역할을 한 개체가 지속적으로 감당할 수는 없는 노릇이지요. 따라서 가족에서는 엄마 새가 리더의 역할을 분담하기도 해요. 갑자기 위급한 상황이 일어났을 때, 리더는 경계음을 낸 다음 먼저 힘껏 날개를 펴고 날아 방향을 잡아요. 혼자 살겠다는 뜻이 아니에요.

가족이 혼란에 빠지는 것을 막기 위해서지요. 언제라도 리더는 일어날 수 있는 모든 상황에 대하여 미리 준비해요. 그러한 준비가 없다면 가족이 혼란에 빠질 뿐만 아니라 희생마저 그 대가로 치러야 한다는 것을 잘 알고 있기 때문이지요.

인간의 간섭에 길들여진 독수리

겨울은 맹금류의 계절이라고도 해요. 매서운 겨울날의 칼바람을 온몸으로 다스리는 새가 맹금류이니까요. '맹금류' 하면 가장 먼저 떠오르는 새는 수리 종류의 하나인 독수리일 거예요. 그리고 우리나라에는 독수리만 사는 것으로 알고 있기 쉽지요. 그런데 우리나라를 찾아오는 수리 종류는 다양해요. 독수리 외에도 흰꼬리수리, 참수리, 검독수리

먹이활동을 할 때 리더가 고개를 들어 주위를 살피는 모습

등이 있어요. 가을 편에서 소개한 물수리도 있고요.

독수리는 하늘의 제왕이라 불리지요. 창공에 높이 올라 3미터에 이르는 날개를 활짝 펴고 날갯짓도 없이 기류를 따라 선회하며 천천히 고개를 움직여 먹잇감을 찾는 매서운 눈매를 보면, 독수리를 하늘의 제왕이라 부르는 것에 토를 달 사람은 아무도 없을 거예요. 하지만 독수리의 속내는 겉모습과 많이 다르답니다.

독수리는 전 세계에 2만여 개체가 생존하는 것으로 추정되는 희귀 조류로, 국제자연보호연맹의 「적색목록」에 올라 있는 위태로운 종이에요. 우리나라에서는 천연기념물 제243-1호와 멸종위기 야생동·식물 II급으로 지정하여 보호하고 있어요.

독수리는 주로 러시아, 몽골, 중국에서 번식을 하며, 겨울이 오면 번식지를 떠나 파키스탄, 미얀마, 북한 그리고 우리나라로 이동하여 겨울을 보내요. 겨울철에 우리나라를 찾아와 월동하는 독수리 무리는 몽골 지역에서 번식한 개체들이에요.

독수리는 한번 짝을 맺으면 평생을 함께하며, 산란은 2월부터 시작하여 늦어도 4월이면 끝나고 알은 딱 한 개만 낳아요. 여느 새들이 대부분 2주 정도 또는 길어야 한 달 정도 알을 품는 것과 달리 독수리는 55일가량 알을 품어야 부화가 일어나요. 게다가 알에서 깨어난 새끼는 무려 넉 달 가까이 둥지에 머물며 먹이를 받아먹고 자란 다음에야 둥지를 떠나요. 결국 어린 새 하나를 키우는 데 반 년 정도가 걸리는 셈이에요.

또한 그 일정의 매순간을 무사히 넘겨야 번식에 성공하는 것이므로, 이러한 번식 일정은 개체군의 크기를 늘리기에는 너무나 열악한 구조이지요. 실제로 독수리의 번식 성공률은 한 쌍당 0.57마리라는 사실이 이러한 형편을 잘 설명해 주고요.

번식을 위해 흩어졌던 독수리는 번식 일정이 끝나면 다시 무리를 형성해요. 그러나 몽골의 날씨가 추워지기 시작하면 어린 독수리들은 겨울을 나기 위해 먼 여행을 떠나야 해요. 몽골의 겨울은 섭씨 영하 30~40도의 혹한이 이어지거든요. 어린 독수리가 견뎌낼 수 있는 기온이 아니지요.

또한 먹이에 대한 서열은 엄격하기 짝이 없어요. 어린 독수리는 혹한에다, 그러잖아도 부족한 먹이 경쟁에 밀려 살아남기 어려워 고향을 떠날 수밖에 없는 처지로 몰려요. 우리나라를 찾는 독수리의 90~95

날개를 활짝 펴고 기류를 따라 선회하는 독수리

땅으로 착지하려는 독수리

퍼센트가 어린 독수리인 것도 이러한 이유에서 비롯하고요. 몽골의 번식지에서 우리나라의 주요 월동지인 경기도 북부 지역까지의 직선 거리는 약 2,000킬로미터이며, 소요시간은 10일 정도예요.

먼 거리의 이동 또한 때로는 생명을 대가로 치러야 할 만큼 엄청난 희생이 뒤따르는 여정이기도 하지요. 하지만 이동에 따른 모든 위험보다 더 위험한 것은 이동하지 않는 것인 만큼, 번식지인 몽골 지역에서 어린 독수리가 겪는 추위와 굶주림은 매우 절박한 상황이라 할 수 있어요. 우리나라에는 11월 중순부터 찾아들기 시작하며, 이듬해 3월에서 4월에 걸쳐 다시 몽골로 북상해요.

그런데 조금 이상한 점이 있어요. 번식지에서는 개체 수가 점점 감소하고 있는데, 우리나라를 찾아오는 독수리는 오히려 증가하고 있다는 점이지요. 문제는 먹이예요. 독수리는 먹이 습성이 일반적인 맹금류와 달라요. 짐작하는 것과 다르게 독수리에겐 사냥 능력이 없어요. 동물의 사체를 먹고 살아요. 따라서 날개는 사냥을 위한 구조라기보다는 기류를 잘 타기 위한 구조를 갖추고 있을 뿐이고요.

독수리는 비행 속도가 느리고 먹이를 추적하기 위한 방향 전환 능력 또한 떨어져요. 게다가 우리나라의 자연에서 동물의 사체를 만나는 것은 무척 드문 일이고요. 따라서 독수리는 우리나라에 올 이유가 없어요. 그럼에도 점점 더 많이 오는 까닭은 무엇일까요? 그래요, 먹이를 주기 때문이에요.

우리나라에서 독수리가 최초로 확인된 공식 기록은 1981년 남부 지역에서 발견된 두 마리였어요. 이후 우리의 기억에서 잊힌 채 12년

먹이 던져주기를 기다리는 독수리 무리

이 지난 어느 겨울이었지요. 강원도의 민통선(민간인 출입 통제선) 지역에서 무척 큰 검은 새 한 마리가 추락하는 일이 벌어졌어요. 군인들이 다가가도 제대로 저항 한번 하지 못하고 맥없이 포로가 된 새는 바로 하늘의 제왕 독수리였고요. 독극물 중독으로밖에는 설명할 수 없는 상황이었어요.

그런데 회생하기 어려울 것이라는 예상을 깨고 독수리는 간단한 치료 과정을 거쳐 바로 기력을 회복했지요. 치료라고 할 것도 없었어요. 병명은 어이없게도 영양실조였으니까요. 그다음 해부터 민통선 지역으로 모여드는 독수리는 점점 늘어났고, 그에 따라 힘없이 땅으로 추락하는 독수리의 숫자도 늘어났어요.

휴전선 지역의 여러 곳에서 똑같이 안타까운 일이 일어나자 사람들은 선의를 베풀기로 마음을 모았어요. 먹이를 주기 시작한 것이지요. 영양실조로 추락한 독수리가 날개에 힘을 얻어 비상하는 모습을 보며, 먹이를 주는 것이야말로 진정 아름다운 해결책이라 여겼고요. 그러나 결과는 먹이 제공과 추락의 반복이었으며, 그러는 사이 악순환의 시간만 속절없이 흘러가고 있는 것이 현실이에요.

2008년, 전국의 독수리 주요 도래지 및 독수리 관찰 기록이 있는 열일곱 지역을 대상으로 이루어진 합동조사 결과에 따르면 우리나라에서 월동하는 독수리는 1,912개체로 나타났고, 확인된 개체 중 어른 새는 단지 10퍼센트 정도일 뿐, 대부분 어린 독수리였어요.

가장 많은 770개체의 독수리가 확인된 경기도 파주시의 장단반도 일대는 그동안 지속적으로 먹이주기 행사

인위적으로 제공한 먹이를 놓고 다투는 독수리 무리

를 해온 곳이에요. 나머지 지역은 공통점이 있어요. 독수리가 발견되는 모든 지역의 공통점이기도 해요. 소, 돼지, 닭을 비롯한 가축과 가금류의 집단 사육시설이 있는 곳이라는 거예요. 독수리는 축사, 돈사, 양계장 그리고 방목장에서 자연 폐사에 따른 사체 또는 그 부산물이 나오는 곳에서 사는 것이었어요.

그러나 먹이의 양에 비하여 독수리의 숫자가 너무 많아요. 먹이 나오기를 기다리다 지친 독수리는 다른 지역으로 먹이를 찾아 나서지만 다른 지역이라 해도 형편이 나을 리 없지요. 게다가 축사나 양계장의 수는 계속 줄어들고 있고요. 개인적으로 자주 다니는 몇 곳에서도 찾아오는 독수리는 조금씩 늘고 있는데, 축사와 양계장은 줄고 있거든요.

사실 1,912개체라는 숫자에 가슴이 철렁 내려앉아요. 전 세계 독수리의 생존 집단을 2만여 개체라고 가정할 때, 우리나라에 전 세계 생존 집단의 10분의 1에 가까운 숫자가 5개월 동안 머물다 간다는 뜻이기 때문이지요. 그야말로 독수리의 존폐 여부가 우리 손에 달려 있는 상황이 되었다는 뜻이에요.

중요한 점은 독수리만 문제가 아니라는 것이에요. 지자체마다 경쟁적으로 겨울철새에게 먹이를 주는 일에 팔을 걷어붙인 지 오래되었어요. 이러한 일을 시작할 때는 무엇이 진정 새를 위하는 길인지 더 냉정하게 고민하고, 더 철저하게 준비해서 체계적이고 지속 가능한 접근을 해야 했어요.

그러나 인정이 앞서 이랬다저랬다 했고, 먹이로 철새들을 불러 모아 지역의 상품화에 이용하느라 필요 이상으로 먹이를 제공하기도 했지요. 이미 주워 담기에는 힘든 일이 되었어요. 독수리를 포함하여 수많은 철새들이 서서히 본래의 야성을 잃어 가만히 앉아서 먹이를 기다리는 지경에까지 이르렀으니까요.

그렇다고 이제 와서 먹이를 딱 끊을 수도 없어요. 먹이를 줄 수밖에 없지만 적어도 어떻게 줄 것이냐에 대해서만큼은 신중하게 고민해야 할 때라고 생각해요. 이때를 놓친다면 먹이 주기와 독수리의 추락은 마지막 독수리가 추락하는 그날까지 계속될지도 모르기 때문이에요.

때로는 강력한 사냥꾼으로 변신하는 흰꼬리수리

모습은 독수리와 비슷한데 꼬리가 흰 친구가 있어요. 그 생김새에 따라 이름은 흰꼬리수리입니다. 흰꼬리수리는 지구상에서 사라져 가고 있어 국제적인 보호가 필요한 종으로 국제자연보호연맹에서 정한 「적색목록」에 올라 있는 취약종(VU; vulnerable)이며, 우리나라의 형편도 다르지 않아 천연기념물 제243-4호, 환경부 멸종위기 야생동·식물 I급으로 지정하여 보호하고 있어요. 흰꼬리수리는 유럽과 아시아 지역, 곧 유라시아 대륙에 걸쳐 폭넓게 분포하며, 우리나라에는 가을에 와서 겨울을 나고 이듬해 봄에 번식을 위해 러시아로 떠나는 겨울 철새예요.

몸길이는 69~94센티미터, 양 날개를 편 길이는 2.5미터에 이르러요. 독수리에 비해 작은 편이지만, 몸이 작은 대신 날렵하여 사냥을 잘해요. 사냥을 하기 때문에 독수리와 달리 날개가 엄청난 속도와 민첩한 방향 전환에 알맞게 최적화되어 있어요.

우리나라 전 지역의 강, 해안, 갯벌 등에서 물고기, 작은 동물, 새 등을 잡아먹으며 생활하지만 흰꼬리수리가 전적으로 사냥에만 의지하면서 사는 것은 아니에요. 기회주의적 먹이 습성을 보여요. 때로는 청소동물로 살아가고 수달 및 다른 맹금류들이 잡은 먹이를 가로채 먹기도 해요.

전반적으로 보면 청소동물을 기본으로 살아가다가 상황에 따라 강력한 사냥꾼으로 변신한다는 표현이 적절하겠어요. 흰꼬리수리가 날마다 먹어야 하는 먹이양은 500~600그램 정도예요. 다른 맹금류에 비해 창자가 길고, 소화기 계통이 더 효율적이라서 음식을 덜 먹어도 잘 살아가요.

이름에서 알 수 있듯이 흰꼬리수리는 꼬리가 흰색이지만 어릴 때부터 흰 것은 아니에요. 태어날 때는 갈색인데 점차 흰색으로 변해요. 꼬리가 완전히 흰색으로 바뀌려면 약 5년 정도가 걸리고, 그 시기에 이르러서야 비로소 번식 능력이 생겨요. 평균 수명은 20년 정도로 보고 있어요. 맹금류의 일반적인 특성에 따라 암컷이 수컷보다 더 크고, 무게도 당연히 수컷보다 더 나가요. 암컷의 몸무게는 4~6.9킬로그램, 수컷은 3.1~ 5.4킬로그램 정도예요.

우리나라에서 번식 사례가 매우 드문 흰꼬리수리는 큰 나무나 해안 절벽에 둥지를 지어요. 세력권에 대한 집착과 믿음으로 말미암아 한 번 둥지를 틀면 재사용하는 경우가 많아요. 여러 세대에 걸쳐 수십 년 동안 사용하기도 하는데 심지어 150년 넘게 대를 이어 사용한 사례도 있어요.

점차 흰색으로 꼬리가 바뀌고 있는 어린 흰꼬리수리

완전히 꼬리가 흰색으로 변한 어른 흰꼬리수리

엄청난 위용을 갖춘 최고의 사냥꾼 참수리

'참'이라는 낱말은 그 자체로도 정말 좋은 말입니다. 이 '참'이라는 말이 어떤 낱말 앞에 있으면 뜻이 더 좋아지는 것은 당연하고요. 참사랑, 참마음, 참사람, 참말, 참뜻……. '참'이라는 말은 '거짓'의 반대말로, 진짜라는 뜻이 있으며 또한 으뜸이라는 뜻도 있기 때문이지요.

생명체에도 '참'이라는 낱말이 붙어 있는 것들이 종류마다 하나씩은 있어요. 그 많은 나무 중에도 참나무류가 있어요. 진짜 나무인 참나무류로 만든 숯 또한 숯 중의 으뜸인 참숯이고요.

그런데 주위에서 아주 쉽게 만날 수 있을 정도로 많아서 무척이나 친근한 생명체에도 역시 '참'이라는 말이 붙어 있는 것을 알 수 있어요. 참새가 그렇잖아요. 참새가 새 중의 으뜸은 아닐 거예요. 주위에서 가장 쉽게 만날 수 있고, 그래서 우리와 가장 친한 새라고 하는 것이 옳겠지요.

참꽃은 진달래꽃을 가리키는 말이고 보면, 참꽃도 꽃 중의 진짜 꽃이나 꽃 중의 으뜸인 꽃을 뜻하는 것은 아닐 테고요. 우리나라 어디에서나 소박한 꽃을 잘도 피워내는 친근한 꽃이기에 그리 부르는 것이겠지요.

수리 종류 중에도 참수리가 있어요. 수리 종류가 아주 쉽게 만날 수 있을 정도로 흔하지는 않으니 수리 종류 중에서 진짜 수리라는 뜻일 거예요. 참수리, 정말 멋진 새예요. 검은색, 흰색, 주황색의 세 가지 색으로 몸을 치장하고 있는데, 그 단순한 색이 엄청난 위용을 드러내요.

참수리는 지구상에서 멸종위기에 처해 있으며, 국제적인 보호가

절실히 필요한 종으로 국제자연보호연맹에서 정한「적색목록」에 올라 있는 위기종(EN: endangered)이며, 우리나라에서는 천연기념물 제243-3호, 환경부 멸종위기 야생동·식물 I급으로 지정하여 보호하고 있어요.

참수리의 번식지는 동북아시아의 코랴크 산맥·캄차카 반도·사할린 섬·아무르 지역이며, 겨울을 보내는 월동지는 우리나라·일본 북해도·쿠릴 열도 등이에요. 우리나라에는 늦가을에 와서 겨울을 나고 이듬해 봄에 번식을 위해 떠나는 겨울철새이고요.

참수리는 수리 종류 중에서 가장 뛰어난 사냥꾼이에요. 따라서 비행 속도와 신속한 방향 전환을 포함하여 수리 종류 중 비행술이 가장 뛰어나요. 사냥감을 향해 몸을 뒤척이며 쏜살같이 내리꽂을 때에는 가슴이 다 떨릴 정도이지요.

몸 크기는 독수리보다 조금 작고 흰꼬리수리보다는 조금 크니 독수리와 흰꼬리수리 사이라고 보면 되어요. 어른 새는 흰꼬리수리와 차이가 뚜렷하지만 어린 새는 흰꼬리수리와 혼동하기 쉬워요. 하지만 참수리는 부리가 크고 노란색인 것이 흰꼬리수리와 다른 점이에요.

흰꼬리수리처럼 참수리 역시 어른 새의 위용을 갖추려면 시간이 적잖이 걸려요. 참수리의 나이는 어깨깃에서 엿볼 수 있어요. 온통 진한 초콜릿색의 어깨가 완전히 흰색으로 바뀌는 데에 6년 정도가 걸려요. 그리고 이 상태가 되어야 비로소 번식 능력이 생기고요.

수리류의 크기 비교: 왼쪽부터 독수리, 참수리, 흰꼬리수리

어린 참수리

어린 참수리의 변화 과정: 어깨와 꼬리가 점점 흰색으로 변한다.

어깨와 꼬리가 완전히 흰색으로 변한 어른 참수리

물을 마시는 참수리

사냥 능력이 뛰어난 참수리의 주요 먹이는 물고기예요. 따라서 참수리는 강이나 바다 주변에서 주로 살아요. 오리 종류를 비롯하여 물에서 서식하는 새 종류, 산토끼, 심지어 수달을 공격하기도 하지만 동물 사체의 썩은 고기도 즐겨 먹어요. 우리나라에서 참수리를 만날 수 있는 곳은 아주 제한적이지요. 한강 팔당댐 부근, 낙동강 하구, 거제도에서만 볼 수 있어요.

독수리는 사체를 먹기 때문에 무리 생활이 기본이에요. 사냥을 열심히 하는 흰꼬리수리와 참수리는 주로 단독 생활을 할 때가 많고요. 하지만 쉼터에서는 독수리, 흰꼬리수리, 참수리가 모두 모여요. 쉼터는 말 그대로 먹이활동을 한 뒤 쉬면서 소화하는 곳이지만 목욕도 해요. 먹이활동을 하면서 더러워진 깃털을 깨끗하게 씻는 과정이지요.

목욕하는 참수리

목욕하는 참수리와 흰꼬리수리

고고한 자태의 으뜸, 두루미

새해가 밝은 지 며칠이 지나 드디어 눈이 온다는 예보가 있네요. 흰 눈과 가장 어울리는 생명은 온몸을 흰색으로 두른 두루미가 아닐까 싶어요. 여장을 꾸려 길을 나섭니다. 겨울이면 일주일의 반은 집을 떠나 강원도 철원에서 지내요. 이유는 단 하나, 내가 사는 곳에서는 평생을 기다린다 해도 두루미를 만날 수 없기 때문이에요.

흙빛으로 몸이 검은 흑두루미와 잿빛인 재두루미와 다르게 두루미는 강원도 철원과 경기도 연천에서만 살아요. 하여 두루미를 만나려면 누구든, 어디에 살든 무조건 철원이나 연천 쪽으로 향해야 해요. 왕복 1,000킬로미터 거리를 매주 오가는 것은 어쩔 수도 없거니와 감내할 만해요. 하지만 철원의 겨울은 섭씨 영하 20도를 장난하듯 넘나들 때가 많아요. 그 혹독한 추위를 그저 자연의 모습을 닮게 만든 움막 안에서 견디며 기다린다는 것은 생각만큼 쉽지 않은 일이지요.

왜 그리도 몸을 혹사하며 사느냐는 이야기를 많이 들어요. 하지만 두루미는 전 세계에 2,000여 개체밖에 남아 있지 않을 정도로 멸종의 위기에 몰려 있는 생명이에요. 두루미를 어찌하면 지켜낼 수 있는지를 아는 것이 지금은 그 무엇보다 먼저인데, 직접 다가섬이 앎의 시작이며, 알아야 지킬 수 있으니 달리 길이 없어요.

'뚜루루루~, 뚜루루루~' 소리를 내며 우는 두루미를 선조들은 고고한 자태의 으뜸으로 꼽으며 '학'이라 불렀어요. 장수를 상징하는 십장생 중 하나인 학은 신선이 타고 다니는 새라 하여 '선학'이라 부르기도 했고요. 그 고고한 기품 덕에 문관의 상징으로 여겨져 종4품 이상의 당상관은 쌍학(雙鶴), 당하관은 단학(單鶴)을 그려 넣은 흉배를 달았으며, 이는 문관을 학반(鶴班)이라고 부르는 이유이기도 해요.

또한 학의 우아한 몸 사위 하나하나는 학춤으로 거듭나 궁중행사나 제례의식의 하나로 자리 잡고 있어요. 영상이나 사진에서도 그렇지만, 두루미를 직접 다가서서 만나면 왜 옛사람들이 신선이 타고 다니는 새로 표현했는지 이해할 수 있을 거예요.

우리나라를 찾아오는 두루미과의 새에는 두루미 · 재두루미 · 흑두루미 · 검은목두루미 · 시베리아흰두루미 · 캐나다두루미가 있어요. 하지만 검은목두루미 · 시베리아흰두루미 · 캐나다두루미는 손으로 꼽을 정도의 개체만 확인되고 있기 때문에 우리나라를 찾아오는 두루미과의 주류는 두루미 · 재두루미 · 흑두루미라고 할 수 있어요.

신선이 타고 다닐 것만 같은 두루미. 오른쪽은 어린 두루미

우리나라의 철원과 연천 지역에서만 겨울을 지내는 두루미(천연기념물 제202호, 멸종위기 야생동 · 식물 I급)는 두루미과 중에서 가장 크며, 몸길이는 140센티미터 정도예요.

재두루미(천연기념물 제203호, 멸종위기 야생동 · 식물Ⅱ급)는 철원과 연천에서 주로 지내지만 경남 창원의 주남 저수지에서도 200여 개체가 매년 겨울을 나며, 몸길이는 120센티미터 정도예요. 흑두루미(천연기념물 제228호, 멸종위기 야생동 · 식물Ⅱ급)는 순천만이 국내 최대의 월동지로 요즘 들어 1,000개체가 넘게 도래하고 있으며, 몸길이는 100센티미터 정도고요.

눈 내리는 들판에 내려앉는 두루미

1
2

1 두루미의 춤사위, 학춤 **2** 두루미의 다툼

1 2 재두루미

흑두루미

1 2
3 4

흰 눈과 두루미의 풍경

1 2
3 4

흰 눈과 재두루미의 풍경

봄기운이 술렁일 즈음 두루미는 우리나라를 떠나요. 두루미뿐만 아니라 겨울철새 전체가 우리나라를 떠나는 시기이지요. 겨우내 정들었던 친구들의 빈자리가 생길 테지만 괜찮아요. 잠시일 뿐이며, 그 빈자리를 다시 채워 줄 여름철새들이 속속 우리나라를 찾아올 테니까요.

텃새는 고맙게도 일 년 내내 우리 곁에 있어 주고, 봄이 되면 겨울철새는 떠나고 여름철새가 오며, 가을이 되면 여름철새는 떠나고 겨울철새가 찾아오는 이동의 순환이 우리나라 새의 일 년이랍니다.

떠나는 흑두루미

생명과학자 김성호 교수와 함께하는
우리 새의 봄·여름·가을·겨울

초판 5쇄 발행일 2022년 9월 26일
초판 1쇄 발행일 2017년 3월 3일

지은이 김성호
펴낸이 이원중

펴낸곳 지성사 **출판등록일** 1993년 12월 9일 **등록번호** 제10-916호
주소 (03458) 서울시 은평구 진흥로 68, 2층
전화 (02) 335-5494 **팩스** (02) 335-5496
홈페이지 www.jisungsa.co.kr **이메일** jisungsa@hanmail.net

ISBN 978-89-7889-329-9 (03490)

이 도서의 국립중앙도서관 출판예정도서목록(CIP)은 서지정보유통지원시스템 홈페이지(http://seoji.nl.go.kr)와 국가자료공동목록시스템(http://www.nl.go.kr/kolisnet)에서 이용하실 수 있습니다.
(CIP제어번호: CIP2017004858)